JN121313

HEROES BEFORE DINOSAURS

前恐竜時代

土屋 健

絵　かわさきしゅんいち

監修　佐野市葛生化石館

ブックマン社

古生代の大絶滅
ディメトロドン

ディメトロドン。アメリカ産。背中に並ぶ細長い突起の間には、皮膜があったとみられている。１本だけ、棘突起が途中で折れている。これは、東北地方太平洋沖地震の際に折れたという。

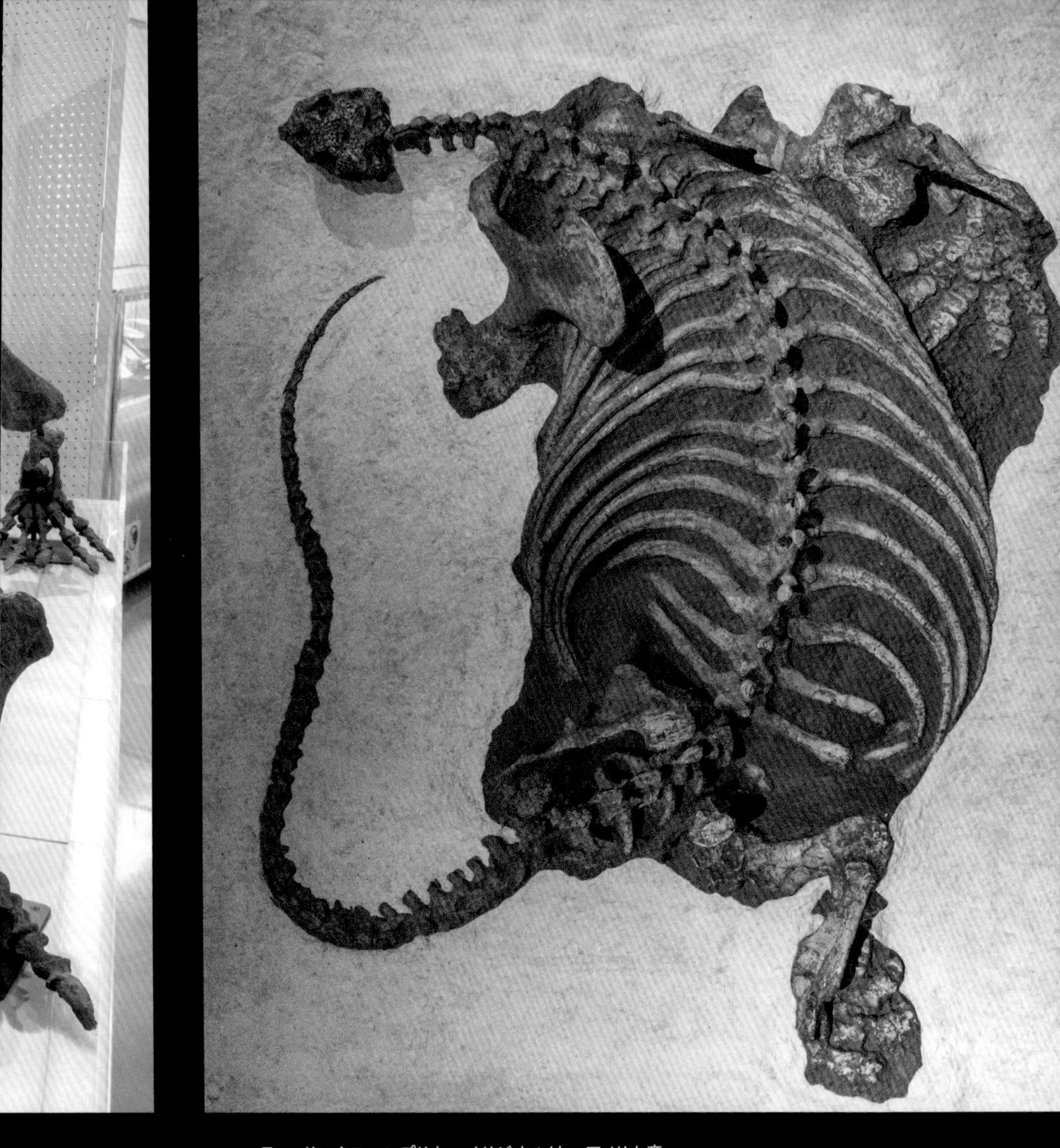

コティロリンクス。レプリカ。オリジナルは、アメリカ産。
胴体の大きさ、四肢の太さに比較して、頭部の小さ
さに注目されたし。

イノストランケヴィア。レプリカ。オリジナルは、ロシア産。日本でこの全身復元骨格を見ることができるのは、本書の監修である佐野市葛生化石館だけだ（本書執筆時点の情報）。

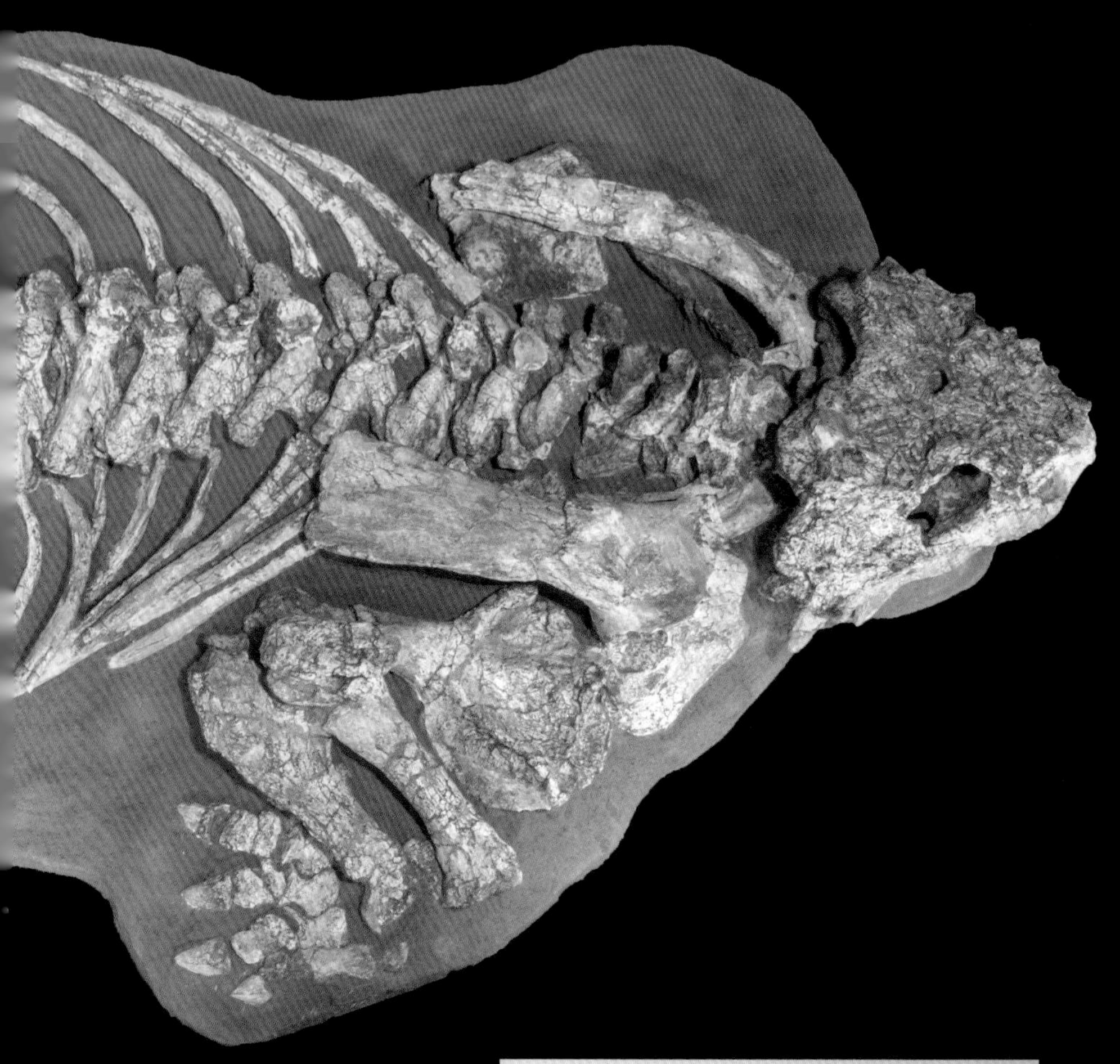

パレイアサウルス（頭骨）。
ロシア産。

展示：群馬県立自然史博物館
Photo：オフィス ジオパレオント

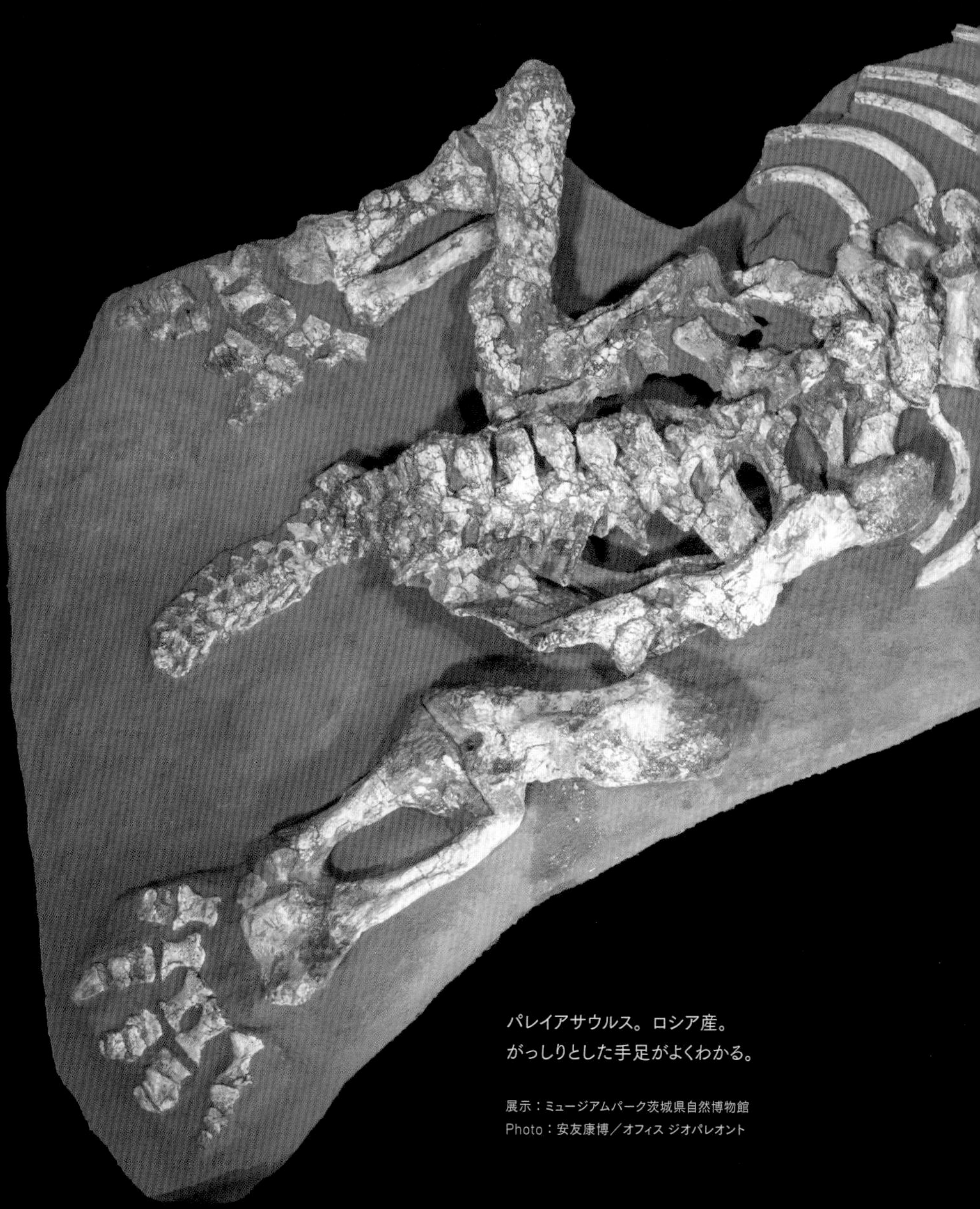

パレイアサウルス。ロシア産。
がっしりとした手足がよくわかる。

展示：ミュージアムパーク茨城県自然博物館
Photo：安友康博／オフィス ジオパレオント

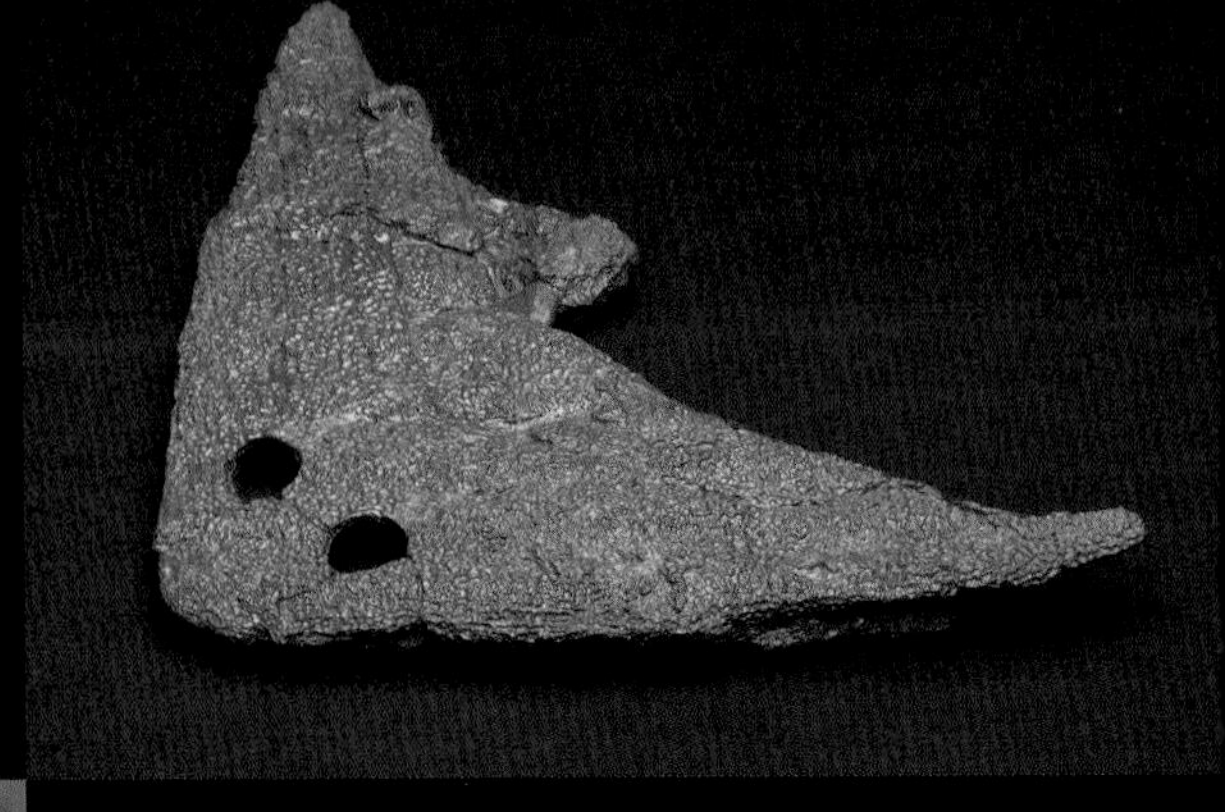

ディプロカウルス（頭骨）。レプリカ。
オリジナルは、アメリカ産。

所蔵：オフィス ジオパレオント
Photo：オフィス ジオパレオント

リストロサウルス（頭骨）。ロシア産。
ただし、この標本は、中生代三畳紀のもの。

展示：群馬県立自然史博物館
Photo：オフィス ジオパレオント

ヘリコプリオン。ロシア産。
この化石が、何の化石であるかは、
ぜひ、本文中で確認されたい。

展示：城西大学大石化石ギャラリー
所蔵：大石コレクション
Photo：安友康博／オフィス ジオパレオント

もくじ

第4章 ペルム紀後半の世界 ～温暖化の中で栄えた愛らしい動物たち～

序章

忘れられた時代の物語

空気が冷たい。

払暁（ふつぎょう）から数時間が経過したけれども、陽光はまだ十分ではないようだ。

多くの動物は、まだ瞼（まぶた）を閉じている。眠っている、というよりは、寒さゆえに動くことができないのである。

陽（ひ）の光は、しだいにシダの森林の奥にも届き始める。

静かな森だ。鳥のさえずりは聞こえない。

少し開けた川沿いで、1頭の動物だけが動き始めた。

その動物の印象は、「大きなトカゲ」。

がっしりとした短い四肢（しし）で、のっそりと歩いている。

しかしトカゲでないことは、一目瞭然（いちもくりょうぜん）だ。

背中に大きな帆があるのだ。

その帆は厚みはないものの、高さはヒトの子の背丈ほどある。

この動物の頭部は、明らかに捕食者のそれだ。見るからに頑丈そうで、口には大小の鋭い歯が並んでいる。

静寂の世界を、この肉食動物だけが歩んでいた。


今から約2億8000万年前。

世界は超大陸の時代だった 0-1 。

当時、すべての大陸が1か所に集まって、地続きとなっていた。

体力と気力、そして運さえあれば、動物たちは、徒歩で世界を横断することができた。

もっとも、その超大陸の内陸には広大な乾燥地帯が広がっていた。雨にしろ、雪にしろ、水蒸気にしろ、海からの距離があまりにも遠すぎるために、内陸までは水分が届かないのである。

一方、海からそう離れていない地域には、森林があった。

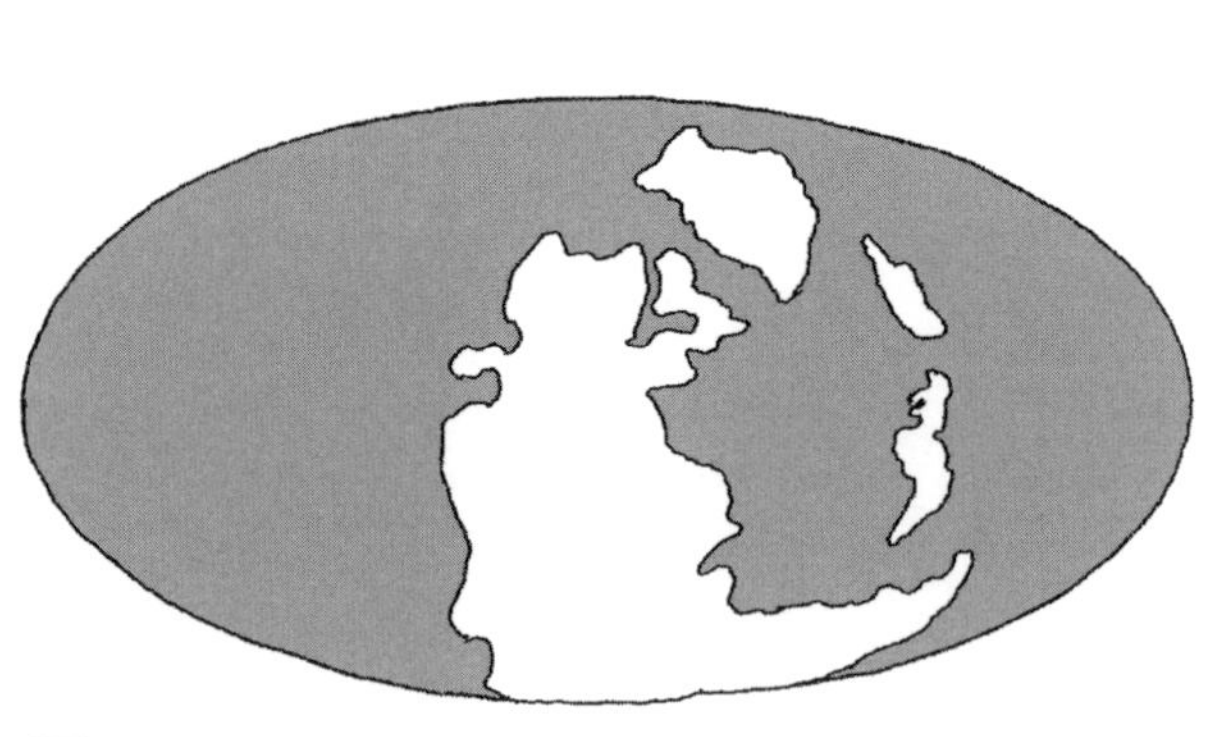

0-1 超大陸時代の大陸配置。北半球の高緯度に見える大陸も“浅い海”や島々でつながっており、事実上、すべての大陸は地続きだった。

この森林には、いわゆる「花を咲かせる植物」である被子植物がない。草もない。そのかわり、シダ植物と裸子植物の大樹が、森をつくる。

鳥のさえずりのない森林である。

小川のせせらぎと、樹木の葉と葉がこすれる小さな音が、世界の主要な音源だった。

鳥類の登場には、まだ1億年以上の歳月が必要だ。

当時、地球は冷え込んでいた。

その世界を歩く〝帆のあるトカゲ〟は何者なのか。

トカゲではない。そして、恐竜でもない。

恐竜類の登場にも、まだ5000万年の時間がかかる。

この世界の〝帆のあるトカゲ〟は、「単弓類」というグループに属している。単弓類は、のちに哺乳類を生むことになるグループだ。ただし、哺乳類の登場にも5000万年の歳月が必要である。つまり、〝帆のあるトカゲ〟は、「哺乳類の祖先の親戚」といえる動物だった。

この時代は、「ペルム紀」と呼ばれている。

地球生命の誕生から、36億年以上の時をかけてたどり着いた世界である。

この世界には、哺乳類も恐竜類もまだいない。

哺乳類ではない単弓類が支配する生態系が、そこにあった。

魅惑、否、蠱惑のペルム紀世界にようこそ。

本書は、恐竜類が登場する直前の、〝忘れられた時代〟の物語である。

第1章 英雄たち

ペルム紀という舞台の主演は、「単弓類」である。

単弓類は、私たちに最も身近な動物群である。

古今の単弓類を構成するのは、哺乳類と哺乳類に近縁な動物群だ。このうち、現在の地球では、「哺乳類に近縁な動物群」はすべて絶滅している。哺乳類は、単弓類の唯一の生き残りだ。

ペルム紀という時代、哺乳類はまだ出現していなかったが、「哺乳類に近縁な動物群」は我が世の春を謳歌し、世界各地の地上の覇権を握っていた。爬虫類が台頭する前、生態系の上位の座には、我らの親戚たちが君臨していたのである。

なお、「単弓類」という言葉がよく用いられるようになったのは最近のことで、かつては、ペルム紀の単弓類たちの多くを「哺乳類型爬虫類」と呼んでいた。世代によっては、こちらの呼び名の方が、聞き覚えがあるかもしれない。

「哺乳類型爬虫類」が使われなくなったことには、もちろん理由がある。もともと、この単語には「哺乳類のような爬虫類」「爬虫類から哺乳類が進化する途上の動物群」といった意味が込められていた。

しかし実際には、ペルム紀の単弓類は爬虫類ではなく、哺乳類に近縁の動物群で構成されている。つまり、「哺乳類のような**爬虫類**」ではない。

また、研究の進展によって、単弓類の進化は爬虫類を経由していないことが明らかになった。単弓類と爬虫類は、両生類からそれぞれ独立して進化したグループだったのである。つまり、「爬虫類から哺乳類が進化する**途上の動物群**」でさえない。

そのため、「哺乳類型爬虫類」は、科学的に正しくない用語となり、使用が控えられるようになった。

ちなみに、当時、爬虫類にも〝近縁な動物群〟が存在した。そして、「爬虫類とその近縁な動物群」をまとめて、「竜弓類（りゅうきゅうるい）」というグループ名がある。正しく書くのであれば、「両生類からは、単弓類と竜弓類がそれぞれ独立して進化した」となる。

第1節

王がその背に広げたものは、武装か否か

ペルム紀に君臨した単弓類。

その代表をたった一つ選ぶとすれば、それは「**ディメトロドン**（*Dimetrodon*）」だろう 1-1 。

昭和期に活躍した日本の古生物学者の一人である鹿間時夫（しかまときお）は、ディメトロドンを「帆竜」と表現した。「竜」という文字が示唆（しさ）するように、その姿は一見してトカゲに似ている。尾が長く、頭部はやや

大きい。短くてがっしりとした四肢（しし）は、同じ単弓類である哺乳類とは異なり、からだの真下ではなく、まず、側方に向かって伸びていた。その意味で、まさしくトカゲである。頭部は真上から見ると二等辺三角形に近い。つまり、後頭部が幅広で、口先は細い。一方で、顎（あご）の骨は厚く、口の中には、肉食性であることを示す鋭く大きな歯が並ぶ。

こうしてからだの描写を重ねるよりも、鹿間の「帆竜」という言葉こそが、ディメトロドンの特徴を端的に表しているといえるだろう。

そう、「帆竜」である。

ディメトロドンは、背中に帆をもっていた。

もっとも、この「帆」が化石で確認されているわけではない。

正しくは、背骨をつくる椎骨（ついこつ）にある「棘突起（きょくとっき）」と呼ばれる部分が細く、長く、上方へ伸びていた。それはからだの前部と後部で低く、背中の中央付近で最も高い。この細い突起の連なりの間に皮膚（ひふ）の膜が張られ、それが「帆」と

1-1 ディメトロドン。かつて「帆竜」と呼ばれた単弓類。ペルム紀世界の前半において、陸上生態系の頂点に君臨したとされる捕食者である。

なっていたと考えられている。皮膚の膜の化石は未発見だけれども、この帆の存在は、確実視されている。棘突起そのものはかなり華奢なので、背中を守るトゲとしては心許ない。帆の芯でもなければ、その存在を説明することができないからだ。

全長は、3メートル超だった。畳を縦に2枚並べると、ちょうどその中に収まる。そんな大きさだ。ただし、四肢は横に張り出しているので、手足は畳からはみ出してしまうかもしれない。体重は、260キログラム。ほぼ同サイズのライオンと同じくらいの重さである。

10メートル超が〝普通〟だった中生代とは異なり、ペルム紀の世界では、3メートル超級の陸棲動物は希少だ。とくに、肉食性となれば、数えるほどしかいない。

間違いなく、陸上生態系の頂点に君臨し、時代を代表する捕食者だった。

ディメトロドンの化石は、アメリカとドイツから発見されている。

大西洋を隔てたこの2か国で同じ動物の化石がみつかることは、ペルム紀の古生物としては驚きに値しない。この時代の大陸は地続きだ。アメリカからドイツに歩いて渡ることも、ドイツからアメリカに歩いて渡ることも不可能ではなかった。1個体（1世代）では無理でも、世代を重ねれば、この時代の〝世界横断〟は無理な話ではないのだ。

その点を考慮すれば、当時のアメリカとドイツの間にあった他の国々のペルム紀の地層から、今後、ディメトロドンの化石が発見されても不思議はない。

化石が含まれている地層の分析から、ディメトロドンの主な生息域は、氾濫原や湖の周辺だったことが指摘されている。ただし、2011年にニューメキシコ自然史科学博物館（アメリカ）のアマンダ・K・カントレルたちが発表した研究によると、初期の種は内陸の高地で暮らしていたらしい。

知られている限り、最も古いディメトロドンの化石は、アメリカ南西部のニューメキシコ州から発見されている。それは、ペルム紀という時代が始まってすぐのことだ。その後、約2000万年間にわたって、ディメトロドンは各地に生息していた。

フィールド自然史博物館（アメリカ）のケネス・D・アンジルチェックたちは、2018年に『MAMMALIAN EVOLUTION, DIVERSITY AND SYSTEMATICS』に寄せた単弓類に関する原稿で、この広範囲の分布域と長い生息時代を背景に、ディメトロドンのことを「extremely successful animal（大成功者）」と評した。

ディメトロドンを最初に報告した人物の名前を、エドワード・ドリンカー・コープという。1840年生まれのアメリカ人で、19世紀を代表する古生物学者の一人だ。今日では、同時代を生きたオスニエル・チャールズ・マーシュとともに、アメリカ大陸における恐竜発掘競争（通称：骨戦争）を展開した人物として知られている。もっとも、コープ自身の業績をみると、恐竜に関する論文よりも、他の脊椎（せきつい）動物に関する論文の方が多い。生涯で発表した学術論文の総数は1200編以上というから、トンデモナイ人物である。

そんなコープによるディメトロドンの最初の論文では、実は背中の帆に関しては言及されていない。

このとき、彼は〝帆をもつ爬虫類〟をディメトロドンとは別の種として報告していた。そして、その別種に関する記述で、現生のバシリスクのように帆をもっていたと指摘した。

バシリスクは、学名を「*Basiliscus*」と書くトカゲだ。ディメトロドンと比べるとかなり小さいけれども、背中の棘突起が長く伸び、その棘突起を芯とした帆をもっている。

ディメトロドンの最大の特徴ともいえる帆の役割は、当初、防御用であるとみなされていた。背を守る構造物、というわけである。

しかし、ディメトロドンの棘突起は、防御用としては貧弱すぎる。簡単にポキッと折れてしまう。

さらにいえば、ディメトロドンは、被捕食者ではない。歯や顎のつくりは、明らかに捕食者のそれだ。敵から身を守る術が必要な〝弱者〟ではなく、生態系の頂点に立つような〝強者〟なのだ。

はたして、ディメトロドンに「防御用の武装」が必要だったのか？

視点の転換となったのは、アルフレッド・シェアウード・ローマーが、１９４８年に『ROBERT BROOM COMMEMORATIVE VOLUME』に寄せた一編の論文だ。ローマーは、この論文の中で、彼自身が１９２７年に報告していた「棘突起にある細い溝」に言及した。そして、その溝が血管の通り道であり、この血管が体温維持に役立っていた可能性を指摘したのである。

つまり、帆を日光に当てることで、血管を流れる血液を温め、そして、体温を上昇させていたのではないか、というわけだ。

ちなみに、ローマーもまた伝説的な古生物学者である。１８９４年生まれのアメリカ人古生物学者で、脊椎動物の進化に関する論文をいくつも著している。また、彼の書籍の中には、古脊椎動物学や動物学、獣医学の教科書として現在でも使われているものが少なくない。

ローマーの1948年の論文以降、多くの研究者がディメトロドンの帆の役割に注目し、分析するようになった。

例えば、1986年刊行の『The Ecology and Biology of Mammal-like Reptiles』に寄稿された、コロラド州立大学（アメリカ）のJ・スコット・ターナーとC・リチャード・トレイシーの論文では、ディメトロドンが帆を使うことで、体温を高める時間を短縮できたことが指摘されている。

また同じ年、ネブラスカ大学（アメリカ）のスティーヴン・C・ハックは、帆の熱交換性能について分析し、早朝の体温上昇に対して帆は威力を発揮するものの、体温が上昇しすぎたときの放熱板としての役割は期待できないことを指摘した。

そして、1999年には高等技術研究所（キプロス）のG・A・フロリデスたちもコンピューターシミュレーションを用いた分析で、同様の結果を得ている。

こうした研究成果は、ローマーの指摘から60年以上が経過した21世紀でも多くの専門書で引用されてきた。

ブリストル大学（イギリス）のマイケル・J・ベントンが著した古脊椎動物に関する教科書的存在である『VERTEBRATE PALAEONTOLOGY』の第4版（2015年刊行）では、熱交換器である帆をもつことで、ディメトロドンが狩人としての優位性を保っていた可能性に触れている。他の動物がまだ体温を上昇させることができず、活発に活動できない早朝において、いち早く体温を活動域まで上げることができたディメトロドンは、容易に獲物を狩ることができたという。

「早起きは三文の徳」を実践していたのかもしれない。

もっとも、ベントン自身は、この見方を100パーセント支持しているわけではないようで、「この議論の弱点（The weakness of this argument）」として、「帆がない動物たちが生き残ることができた」ことを挙げている。

当時の他の捕食者は、帆がないものが圧倒的多数派だった。帆がなくても、獲物を狩ることができたのならば、帆は狩人としての優位性を保てるものだったといえるだろうか。

進化のポイントは帆にあらず

かくのごとく、「ディメトロドン」といえば、帆ばかりが注目されがちだ。

しかし、「単弓類の進化」という視点でみれば、注目すべきはその頭部、とくに歯である。そもそもコープも、帆ではなく頭骨の特徴に基づいてディメトロドンを報告した。そしてディメトロドンという名は、「二つのサイズの歯」という意味である。

そう、ディメトロドンの歯は、大小の2種類があるのだ！

……え？　それがナニ？

などと思うことなかれ。実は、生命史においては、これは大事件で大いに重要なことである。
私たちヒトの口に並ぶ歯は、場所によって形が異なり、役割がちがう。いわゆる前歯にあたる切歯は平たい形状で、食物を裁断することに適している。その後ろにある犬歯は先端が鋭い。現代人たる私たちはこの犬歯を〝本来の目的〟で使うことは少ないけれども、一般的な哺乳類としてみると、この歯は攻撃用だ。奥にある小臼歯、大臼歯は文字通り「臼」の形をしており、食物をすりつぶすことに向く。ヒトが雑食としてさまざまな食物を堪能できるのは、この多様な歯があればこそだ。

そして、哺乳類は多かれ少なかれ、複数のタイプの歯をもっている。これは「異歯性」と呼ばれる特徴であり、実は他のグループにはほとんどみることができない（もちろん、例外もある）。機会があれば、ワニの口の中や、サメの口の中を観察してほしい。その歯は、どの歯もよく似ているはずだ。

異歯性は、哺乳類を哺乳類たらしめる要素の一つであり、その特徴をもった単弓類の先陣たる存在がディメトロドンなのだ。単弓類であっても、ディメトロドンたちよりも原始的な種には異歯性はない。

もっとも、ディメトロドンの異歯性は、私たちの歯と比べるとカワイイものだ。前方の歯が長く、後方の歯が短いという程度である。

ただし、その歯のつくり自体は単純ではなかった。

２０１４年、トロント大学ミシサガキャンパス（カナダ）のカースティン・Ｓ・ブリンクとロバート・Ｒ・ライツは、ディメトロドンの歯（犬歯のように長い歯）が進化するにつれて〝複雑化〟したことを指摘している。

ブリンクとライツの分析によると、複数種が確認されているディメトロドン属の中で、初期の種の歯は至ってシンプルなものだった。しかし進化するにともなって、その歯の側面に細かな凹凸（おうとつ）の列が確認できるようになるという。

この凹凸は、「鋸歯（きょし）」と呼ばれる構造で、肉食性の動物によくみることができる。その役割は、ステーキナイフの縁と同じだ。縁のギザギザが、肉を切りやすくする。例えば、ステーキナイフと、縁がツルッとしているバターナイフを比べるとわかりやすい。ステーキナイフでは、凹凸が良い具合に引っかかりとなり、肉を切ることができる。バターナイフでは、そうそう肉を切ることはできない。

ディメトロドンの中でも進化型の種にみることができるこの歯の凹凸は、陸上脊椎動物としては最初期の鋸歯とされている。

さらに、２０２０年には、ハーバード大学（アメリカ）のＭ・Ｒ・ホイットニーたちが、ディメトロドンの歯が頻繁（ひんぱん）に交換されていたことに言及し、それがのちの時代の肉食恐竜たちとよく似ていることに触れている。

歯に注目すると、ディメトロドンが肉食動物としていかに「先駆的（せんくてき）な存在」だったのかがよくわかる。

ディメトロドンの紳士録

生物には、その生物種だけにつけられた固有の名前がある。それが「学名」だ。学名は、国際的なルールによって名付けられるもので、基本的に「属名（ぞくめい）」と「種小名（しゅしょうめい）」の二つの単語で表記される。先ほどから頻出（ひんしゅつ）している「ディメトロドン」という名前は、「属名」のカタカナ表記にあたる。もちろん、カタカナは海外では通用しない。正式には、学名は斜体にしたアルファベット、もしくは、アンダーラインを引いたアルファベットで表記するという決まりがある。つまり、「*Dimetrodon*」と書くことが正しい。ただし、本書は日本の本であるし、何より縦書きなので、正式な表記は初出のみ併記（へいき）するとして、そのカタカナ名を書き続けるものとする。

1属に対して1種しかいない場合もあれば、1属に対して複数の種がある場合もある。後者の場合、ディメトロドン・○○○というように、二つ目の単語（種小名）がそれぞれの種に対してつけられている。同じ属で別種ということは、それは極めて近縁の関係にあるということを指している。

ディメトロドンの場合、同じ属名をもつ動物は、複数種が報告されている。ここで、ローマーとL・W・プライスが1940年に著した『REVIEW OF THE PELYCOSAURIA』を基盤とし、その後に発表された諸処の情報を統合して、種小名のABC順にまとめていきたい。なお、アルファベット表記に際して属名は省略して「*D.*」と表記する。

ディメトロドン・ボーネオルム（*D. booneorum*）

ローマーが1937年に記載したディメトロドンである。化石はすべてアメリカのテキサス州産。全長1・8メートル、推定体重約63キログラムと、ディメトロドン属の仲間としては、かなり小型だ。のちに登場するディメトロドン・リムバトゥス（*D. limbatus*）とよく似ている。一般には、こうした場合、ボーネオルムはリムバトゥスの幼体であるという可能性が議論される。しかしローマーは、ボーネオルムは小型であっても性成熟していた（つまり成体であった）としている。『REVIEW OF THE PELYCOSAURIA』には複数のディメトロドンの全身復元骨格が掲載されているが、本種のそれは収録されていない。

ディメトロドン・ギガンホモジェネス（*D. giganhomogenes*）1-2

19世紀から20世紀にかけて活躍したアーウィン・カウルズ・カセが1907年に記載した。アメリカのテキサス州、オクラホマ州から化石が産出している。全長は3・3メートルと、のちに紹介するディメトロドン・グランディス（*D. grandis*）と並ぶ大型種。ただし、推定体重は約166キログラムでグランディスと比べると軽量であり、胴体と四肢は明らかにグランディスよりもスリムだった。そのため、大型種でありながらも、機敏に動くことができたのではないか、と指摘されている。

帆の芯となる棘突起の根元付近が異常に膨らんだ化石が発見されている。一般的に、そうした〝異常な膨らみ〟は、骨折し、それが治癒した痕跡と解釈されることが多い。しかし、「FMNH UC1134」

1-2 ディメトロドン・ギガンホモジェネス。全長約3.3mとされる大型種の一つ。ただし、からだの割には軽量だった。帆の先端まで皮膜はなかったのでは、とも。

と標本番号をつけられたその化石を、2012年にウェスタン健康科学大学（アメリカ）のエリザベス・A・レガたちが分析した結果、骨折ではなく、何らかの負荷(ふか)を受けた結果として変形したものであることが明らかになった。ただし、負荷の原因そのものは謎である。

また、この分析の過程で、「FMNH UC1134」の棘突起の内部に、〝血管の通る空洞(くうどう)〟が確認できなかった。そのため、少なくともギガンホモジェネスの帆は、熱交換には使われていなかった可能性が指摘されている。

さらに、「FMNH UC1134」の棘突起の先端が不規則に曲がっていたことから、帆をつくる皮膜(ひまく)が先端までは覆(おお)っていなかったのではないか、とも指摘されている。不規則の〝芯〟では、皮膜を張りにくいのではないか、あるいは、帆が張られていたならば、〝芯〟が曲がることはなかったのではないか、というわけである。

一方で、棘突起の根元付近には、何らかの物質を貯蔵(ちょぞう)できたらしい空間が認められたという。ギガンホモジェ

1-3 ディィメトロドン・グランディス。全長約3.2mとされる大型種の一つ。体重約250kgという重量級。熱交換機能が検証されている種の一つでもある。

ネスはここにエネルギーを貯(た)めて、機敏に動くときにはそのエネルギーを使用していたのではないか、ともされている。

ディメトロドン・グランディス（*D. grandis*）1-3

カセが1907年に記載した。アメリカのテキサス州、オクラホマ州から化石が産出している。全長は3・2メートルであり、ディメトロドン・ギガンホモジェネスとほぼ同じだ。ただし、推定される体重は250キログラムに達した。こちらの方が、圧倒的に重量級である。胴体と四肢はがっちりしているものの、頭部はのちに紹介するディメトロドン・リムバトゥスに次いでほっそりしている。他のディメトロドンと比較して、とくに犬歯が発達し、背の棘突起も相対的に長いという特徴がある。2014年のブリンクとライツの研究では、最も発達した歯をもつ、進化的なディメトロドンと指摘された。水辺に近い半乾燥地域に生息していたとみられており、

『REVIEW OF THE PELYCOSAURIA』では、とくに想定される獲物として、エダフォサウルス（*Edaphosaurus*）とコティロリンクス（*Cotylorhynchus*）の名を挙げている（本書では、両属とものちのページで紹介する）。

1973年にレディング大学（イギリス）のC・D・ブラムウェルと、P・B・フェルゲットは、本種の帆の熱交換機能の性能について検証している。この研究によると、現生のトカゲのデータを参考に休憩時の体温を26℃、活発に活動するために必要な体温を32℃と仮定した場合、帆を使わずに日光だけで体温を上げるためには205分を必要とするのに対し、帆を熱交換器として使えば、その時間は80分に短縮できるとしている。例えば、現代日本の東京駅を出発する新幹線「のぞみ」の早朝の便に、寝起きの〝帆がないディメトロドン〟が乗ったとしたら、岡山駅近くまでじっとしている。名古屋、京都、大阪で降りることは難しいかもしれない。しかし、帆があるディメトロドンならば、名古屋に着く前に活動を始めることができる。125分の差は大きいのだ。

なお、かつて「ディメトロドン・ギガス（*D. gigas*）」と呼ばれる種も報告されていたが、のちの研究によってグランディスと同じであることが明らかになった。そのため、ディメトロドン・ギガスという名前は無効となり、現在ではディメトロドン・グランディスに統一されている。

ディメトロドン・リムバトゥス（*D. limbatus*）1-4

ディメトロドン属の象徴的な存在で、1877年にコープが記載した。ただし、記載当初の名前は、「クレプシドロプス・リムバトゥス（*Clepsydrops limbatus*）」である。その後の発見と研究によって、ディメトロドン属に分類が変更されたという経緯がある。アメリカのテキサス州、オクラホマ州、ニューメキシコ州から化石が産出している。全長3メートル、推定体重約140キログラム。多数の標本が発見されており、その中には10パーセントほどからだの小さな個体もいくつか確認されている。『REVIEW OF THE PELYCOSAURIA』では、このサイズ差は、雌雄によるからだの大きさのちがい、つまり、性的二型からくるものではないか、と指摘している（大きい個体が雄、小さい個体が雌）。

2001年にG・A・フロリデスたちは、リムバトゥスにおける帆の役割を計算している。フロリデスたちは、まず、リムバトゥスの表面積における帆が占める割合を44パーセントと仮定し、次いで、本種がかつて生息して

1-4 ディメトロドン・リムバトゥス。全長約3m。熱交換機能が検証されている種の一つ。鋸歯のある歯をもつ。

いた場所の気候を、現在のキプロスの3月（平均気温12～13℃）とほぼ等しいと見積もった。こうした条件下で分析した結果、帆を熱交換器として使うことで、帆がない同サイズの動物たちよりも1時間ほど早く、早朝の活動を始めることができたと算出した。

フロリデスたちの分析によると、同じ地域に生息する体重55キログラム以上の動物は、その早朝の時間帯にはほとんど動くことができず、リムバトゥスは悠然（ゆうぜん）と狩りをすることができたという。ただし、夏場において、帆を日光に当てすぎると、体温が上昇しすぎて致死（ちし）レベルを超えてしまった可能性があることも指摘されている。

２０１４年のブリンクとライツの研究では、リムバトゥスは鋸歯のある歯をもち、ディメトロドン・ミレリ（*D. milleri*）よりは進化的で、ディメトロドン・グランディスよりは原始的とされた。

ディメトロドン・ルーミシ（*D. loomisi*）1-5

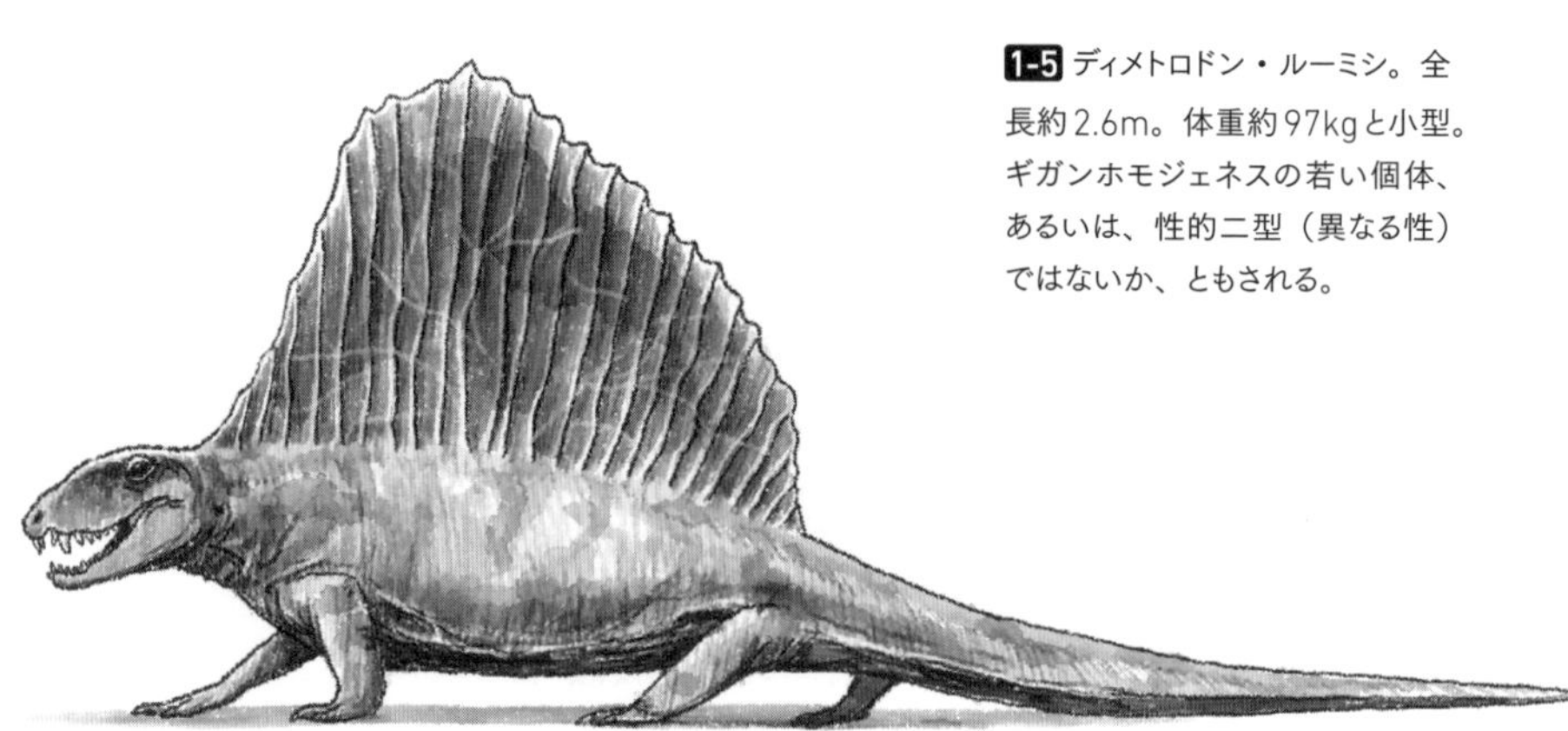

1-5 ディメトロドン・ルーミシ。全長約2.6m。体重約97kgと小型。ギガンホモジェネスの若い個体、あるいは、性的二型（異なる性）ではないか、ともされる。

ローマーが1937年に記載した。アメリカのオクラホマ州とテキサス州から化石が発見されている。全長2・6メートル、推定体重約97キログラムと小型。とくに顎は細い。ディメトロドン・ギガンホモジェネスとよく似ているものの、棘突起の形状と下顎の歯の数が異なる。ただし、そのちがいは些細であるため、ギガンホモジェネスと同種であるとの指摘もある。同種の世代差、あるいは、性別が異なるのかもしれない。

ディメトロドン・ミレリ（*D. milleri*）1-6

ローマーが1937年に記載した。アメリカのテキサス州から化石が発見されている。小型種とされ、とくに小さな個体のサイズは、全長は1・7メートル程度で、推定体重は47キログラム。もっとも、体サイズの計算に用いられたこの個体は（からだの小さな）雌ではないかとの指摘もある。頭部が短く、棘突起も短いことを特徴とする。

1-6 ディメトロドン・ミレリ。ディメトロドン属の小型種として代表的な存在。とくに小さな個体の全長は約1.7m、体重は約47kgとされる。帆が低い。

２０１４年、フィールド自然史博物館（アメリカ）のK・D・アンジルチェックと、クレアモント・マッケナ・スクリプス・カレッジズのL・シュミッツは、ミレリの鞏膜輪（きょうまくりん）と眼窩（がんか）に注目した論文を発表している。鞏膜輪は眼球を保護する骨だ。進化的な哺乳類はこの骨をもたないが、初期の単弓類や爬虫類、鳥類などがもつ。眼の〝明暗性能〟にも関わるとされ、古生物の視力を知る手がかりとなる。そして、アンジルチェックとシュミッツの分析で、ミレリの眼は〝暗い場所でよく見える仕様〟であることが指摘された。つまり、ミレリが夜行性だった可能性が指摘されたのだ。

もしも、ミレリが完全な夜行性であったとすれば、ディメトロドン属の帆に関する〝熱交換機能説〟と矛盾する可能性も出てくる（帆を日光に当てるためには、夜よりも昼に活動した方が良い）。ただし、そもそも、ミレリの棘突起には〝熱交換機能〟に必要な血管の痕跡が確認されていない。

ディメトロドン・ナタリス（*D. natalis*）

コープが１８７８年に記載した。ただし、記載当初の名前は、「クレプシドロプス・ナタリス（*Clepsydrops natalis*）」とされ、その後の発見と研究によって、ディメトロドン属に分類が変更された。アメリカのテキサス州から化石が発見されている。アメリカ産のディメトロドン属における最小種とされ、全長は１・７メートルで成人男性の身長とさほど変わらず、体重は28キログラムと日本人の8歳児とさほど変わらない。全長値はミレリと同じだけれども、体重が異様に軽い。スリムなディメトロドンである。『REVIEW OF THE PELYCOSAURIA』には本種の記述はあるものの、骨格図は収録されていない。

ディメトロドン・テウトニス（*D. teutonis*）

21世紀になってから報告された〝新しいディメトロドン〟。そして、唯一、アメリカ以外で化石が発見されたディメトロドン属でもある。2001年に、カーネギー自然史博物館（アメリカ）のダヴィフ・S・バーマンたちによって報告された。その化石は、ドイツ中部にあるチューリンゲンの森でみつかった部分的なもの。全身像は不明である。ただし、ディメトロドン属の特徴的な棘突起が残っていた。バーマンたちは、この標本を成体と判断し、この棘突起から体重を14キログラムと推測した。アメリカ最小のディメトロドン属であるナタリスよりも、さらに小さい。テウトニスは中型犬サイズである。バーマンたちによると、チューリンゲンの森はかつて高地であり、大型の動物たちはほとんどいなかった可能性があるという。だからこそ、テウトニスは小型でも〝強者〟としてやっていけたのかもしれない。

第2節 狩人の後継

ディメトロドンがペルム紀の前半期を代表する単弓類であるように、ペルム紀の後半期を代表する単弓類もいた。

その名を、「**イノストランケヴィア**（*Inostrancevia*）」という **1-7** 。

イノストランケヴィアの全長は、3メートルを超える。「サイズ感」だけでいえば、ディメトロドンの大型種とほぼ同等だ。そして、頭骨の長さが50センチメートル以上もある。ディメトロドンと同じように、歯は生える位置によって形と大きさが異なる「異歯性」で、犬歯が異様に長く、また門歯も発達していた。

頭骨は前後に細長く、高さはさほどない。幅もさほどないが、後頭部はやや広くなっている。眼窩は頭骨の大きさの割には小さかった。

ディメトロドンとは異なり、イノストランケヴィアのからだには目立つ〝突起物〟はない。ディメトロドンのような腹這いになる四肢ではなく、からだを完全に〝持ち上げて〟歩行することができた

1-7 イノストランケヴィア。ペルム紀世界の後半期に君臨したとされる単弓類。大きな口、鋭く頑丈な歯、優れた嗅覚をもつとも。

とみられている。そのおかげもあって、同じ「ペルム紀の単弓類」でありながら、ディメトロドンのような「トカゲっぽさ」は、イノストランケヴィアにはない。むしろ、オオカミを彷彿させる姿である。

イノストランケヴィアは、ペルム紀の最終盤に出現した。その化石は、ロシアからのみ報告されている。

ブリストル大学（イギリス）のマイケル・J・ベントンたちが2000年に編集した『The Age of Dinosaurs in Russia and Mongolia』には、イノストランケヴィアを含む化石群の発見に関わる物語が、簡単にまとめられている。

この記録によれば、発見者はワルシャワ大学のウラジミール・P・アマリツキー教授とその妻である。ワルシャワは、現在ではポーランドの首都だけれども、アマリツキー教授が活躍した19世紀末はロシア領だった。

アマリツキー夫妻は、ワルシャワから遠く離れた北ドヴィナ河畔をフィールドに定め、地質と化石の調査を行っていた。そして、1898年に大型の動物化石を多数発見する。その化石群は、南アフリカとインドだけで確認されていた動物群によく似ていた。夫妻は、サンクトペテルブルク・ナチュラリスト協会の支援を受け、1899年から発掘を開始した。これは、ロシア史上初の、本格的な発掘であるという。

その後、第一次世界大戦で発掘は中断し、アマリツキー教授も不慮の死を遂げる。しかし、その成果は死後にまとめられ、発表された。その中に、1922年に報告された「イノストランケヴィア・アレクサンドリ（*I. alexandri*）」が含まれることになった。

イノストランケヴィアとよく似た姿の単弓類は、南アフリカからすでに報告があった。しかし、南アフリカの仲間たちと比較すると、イノストランケヴィアはからだが大きい割に細身だった。また、嗅覚を司る嗅球が大きいとの指摘があり、眼窩が小さいこととあわせると、においに頼る狩りをしていたのではないか、とされている。そして発見した獲物の腹部に大きな牙を突き刺して倒し、発達した門歯で獲物の肉を剥いだのではないか、と考えられている。

ペルム紀最大級の体格に、大きな口、鋭く頑丈な歯、さらに優れた嗅覚……時代と場所を違えれば、まるで、かの肉食恐竜の帝王を修飾するような文言である。あちらは白亜紀の末期に登場した。こちらは、ペルム紀の末期に登場。〝時代の終焉に立ち会った〟という、妙に符合する面もある。

イノストランケヴィア、まさしく時代を代表する覇者といえるだろう。

第3節 最強の両生類

イノストランケヴィアがディメトロドンの〝後継的な覇者〟であるのならば、ディメトロドンと同時代・同地域に生き、ディメトロドンと〝覇権を争った強者〟として、「**エリオプス**（*Eryops*）」を挙げることができる 1-8。

エリオプスは、いわゆる「両生類（りょうせいるい）」に属している。ただし、両生類の中でも「分椎類（ぶんついるい）」と呼ばれる絶滅グループの一員で、現生の両生類（無尾類（むびるい）、有尾類（ゆうびるい）、無足類（むそくるい））と祖先・子孫の関係があるわけではない。

その姿は、「どっしり型」という言葉がふさわしい。

こちらも頭部だけで50センチメートルを超える大型種で、全長は2メートルとも2・5メートルともいわれている。がっしりと

1-8 エリオプス。ディメトロドンと水際世界の覇権争いをしたとされる、大型の両生類。The・どっしり型。

した四肢と、発達した肋骨をともなう胴体、長い尾をもっていた。

両生類に関する古生物情報が記載された良書の一つ『AMPHIBIAN BIOLOGY. VOLUME4』（編：ハロルド・ヒートウォル、ロバート・L・キャロル、2000年刊行）では、四肢のつくりからエリオプスの生活の主体は陸にあり、発見された化石の分布から大小の河川や池などの水域を行き来していたと書かれている。同書では、ペルム紀の前半期を代表する巨体であったこと、歯が丈夫であったことも勘案し、エリオプスが食物連鎖のトップに近い位置に君臨していた可能性を示唆している。

一方、『Amphibian Evolution』（著：ライナ・R・ショック、2014年刊行）では、重量級の狩人であることを指摘しつつ、発達した尾が遊泳に適しているとして、水中で過ごしていた時間はそれなりに長かったのではないか、と指摘している。

生活の主体が、陸上であったのか、水中であったのかは、エリオプスに関して意見の分かれるところだ。

2013年、パリ自然史博物館（フランス）のソニア・ケムネールたちが、エリオプスの骨の微細構造を調べた研究を発表した。ケムネールたちの分析によると、現生のクジラの仲間や、アザラシの仲間のような構造がエリオプスの骨にも確認できたという。このことから、エリオプスもこうした動物たちと同じように水棲生活を主体としていたのではないか、とケムネールたちは指摘している。

エリオプスの口には、その縁辺部に大小の強靭な歯がびっしりと並んでいる。そして、すべて先端が内側（舌側）に向かって曲がっていた。さらに、口蓋（口の裏）にも小さな歯があり、その先端は喉の方向に向いている。

２０１３年、ニューメキシコ自然史科学博物館（アメリカ）のラリー・F・ラインハートとスペンサー・G・ルーカスはこの歯の構造に注目し、小さな獲物を狩ることに適していたと指摘している。獲物をひっかけやすく、そして、一度捕らえたら逃しにくい。多少滑りやすい獲物であったとしても、口で挟んでしまえば、あとは飲み込むだけだった。『VERTEBRATE PALAEONTOLOGY』の第４版（著：マイケル・J・ベントン、２０１５年刊行）では、エリオプスが小型の陸上脊椎動物やサカナを獲物としていたと指摘する。

歯のつくりから考えても、エリオプスがディメトロドンを襲うことはなかっただろう。しかし、同じ獲物を狙うハンターとしては、大きさといい、存在感といい、確かにディメトロドンのライバルにふさわしい脊椎動物だったといえそうだ。

第4節

愛らしきブーメラン頭

これまでに紹介してきた3種類の古生物は、いずれも生態系の上位に君臨する捕食者だ。もちろん、世界は上位者だけで成り立つものではなく、生命史という物語を紡ぐ(つむ)には、中位や下位の〝脇役〟たちも欠かせない。

ペルム紀において、「名脇役」というべきは、「**ディプロカウルス**（*Diplocaulus*）」だろう 1-9。生態系の〝中位層の住人〟だ。

ディプロカウルスは、両生類の中の「空椎類(くうついるい)」と呼ばれる絶滅したグループの一員である。空椎類は、エリオプスの分椎類と同じく、現生の両生類と祖先・子孫の関係はない。ディプロカウルスの全長は1メートルほどで、「ブーメランのような」と形容される頭部を最大の特徴とする。つまり、横に幅広で薄く、上から見ると「く」の字に近い形状だ。口は、その先端付近にあり、二つの眼もその近くに配置されている。胴体は「ずんぐり」としたものをぺしゃんこにつぶしたような形状で、四肢は短く、そして、長い尾があった。

1-9 ディプロカウルス。ブーメランのような形状の頭部を特徴とする水棲の両生類。

ディメトロドン属がそうであったように、ディプロカウルス属にも複数の種が報告されている。ただし、いささか混沌（こんとん）としていて、わかりづらい。

1877年、コープがアメリカのイリノイ州に分布する石炭紀の後期の地層から発見された部分化石に基づいて、まずは「ディプロカウルス・サラマンドロイデス（*D. salamandroides*）」を報告した。ディプロカウルスの研究は、このサラマンドロイデスから始まる。

ただし、発見された化石が部分的だったため、この段階では全身の復元はなされておらず、現時点でもサラマンドロイデスの全容はよくわかっていない。

コープはその後、1882年に眼窩の小さな「ディプロカウルス・マグニコルニス（*D. magnicornis*）」、1896年に眼窩の大きな「ディプロカウルス・リムバトゥス（*D. limbatus*）」を報告した。この2種はのちに同種であると指摘され、先に命名された「ディプロカウルス・マグニコルニス」に統一されている（先取権の原則）。このとき、よく知られるディプロカウルスの復元が始まった。

1951年になって、シカゴ大学（アメリカ）のエヴァーレット・クレア・オルソンは、頭部がより前後に長い「ディプロカウルス・ブレヴィロストリス（*D. brevirostris*）」を報告した。

また、モロッコに分布するペルム紀の後半期の地層から、〝ブーメラン〟の右側が異様に短い（つまり、左右非対称の）「ディプロカウルス・ミニムス（*D. minimus*）」が報告されている。しかしこちらに関しては、本当にディプロカウルスなのかと疑問視する声もある。

現時点で最もよく知られているディプロカウルスは、「ディプロカウルス・マグニコルニス」で、標本の状態からどの種とも見分けがつかない場合には、「ディプロカウルスの一種（*D.* sp）」とされることが多いようだ。ブレヴィロストリスは〝レア種〟であるので、そもそもあまり見かけない。

本書では、こうした状況を鑑みて、とくに種を特定せずに「ディプロカウルス」として文章を綴っていくものとする。

ディプロカウルスが水棲種だったことは、早くから指摘されていた。

1917年、シカゴ大学（アメリカ）のハーマン・ドゥーシットは、小さくて貧弱な割には頭部が大きいことに注目し、浮力のない陸上で、ディプロカウルスはその頭部を持ち上げることはできなかったとしている。その一方で、四肢を使って、水底を這うことはできたであろう、とまとめた。ドゥーシットによれば、ほとんどの時間は水底に沈んで過ごしていたという。また、ディプロカウルスの歯は小さく、弱々しい。このことから、主食は軟体性の動物、もしくは植物であり、殻などの硬組織を噛み砕くことはできなかったとした。

1-10 ディプロカウルスの新復元。『GAINING GROUND』の第2版や、『地球生命 水際の興亡史』などを参考に作画。この新復元が「正しい」というわけではないことに注意。今後の研究の展開待ちである。

1951年のオルソンの論文でも、ディプロカウルスは水底付近で暮らし、軟体性の動物、もしくは植物を食べる動物であるとされた。ただし、オルソンは、ブーメラン状の頭部の後ろに皮膚のフラップがあったのではないか、と指摘している。オルソンは、この〝皮膚製フラップ〟に対して、「ガンギエイのような（skate-like）」と表現している 1-10 。

ディプロカウルスそのものでは、この皮膚の化石は確認されていないし、オルソン自身も決して強く推（お）しているわけではない。しかし、近縁種に残された痕跡などから、こうした皮膚があった可能性は他の資料でも指摘されている。初期の四足動物についてまとめられた良書の一つ、ジェニファー・A・クラックの『GAINING GROUND』第2版（2012年刊行）でもこの復元は紹介されている。本節の冒頭では、〝伝統的なディプロカウルスの復元〟を掲載したが、近刊拙著の中では『地球生命　水際の興亡史』（2021年刊行）で、監修の松本涼子（まつもとりょうこ）の指導のもと、この〝フラップ付ディプロカウルス〟を収録した。

一方で、オルソン自身は、フラップ説には固執（こしつ）せず、ブーメラン型の頭部が水底に潜る際に役立ったのではないか、と指摘している。

1980年になると、ウィットウォーターズランド大学（南アフリカ）のA・R・I・クラウイックシャンクと、B・W・スキューがディプロカウルスの頭部（皮膚フラップなし）の模型を製作し、風洞実験をすることでその役割に迫った研究を発表した。

クラウイックシャンクとスキューの分析によると、ディプロカウルスのこの頭部は、少し持ち上げるだけで水流を制御して揚力を生むことができ、少し下げるだけで速やかな潜行が可能であったという。

実際のところ、ディプロカウルスの生息域は、河川、湖、氾濫原、ラグーンなどとされている。この独特の頭部のおかげで水流の強さに関係なく、生きることができたのではないか、とみられている。2005年には、国立自然史博物館（アメリカ）のダン・S・チャネイたちによって、極めて静かな水域でできた地層から、ディプロカウルスの幼体の化石が報告されている。

そして、この独特の頭部は、成長にともなって広がっていたことがほぼ確かとされる。数百を超える標本を分析した結果、幼体、亜成体、成体の成長が明らかにされた。

幼い頃のディプロカウルス——例えば、全長20センチメートルほどの段階では、頭部の左右幅は3センチメートル前後しかない。頭部の形状も、真上から見るとおにぎり型だった。その後、成長にしたがって頭骨の両サイドが斜め後方に向かって拡張し、最終的にブーメランの形になるという。こうした成長過程がわかる古生物は、とても珍しい。

なお、ディプロカウルスの化石には、エリオプスやディメトロドンに襲われたとみられる個体が発見されている。

第2章 そこにいる「ペルム紀の古生物」

地質時代がちょっと古いだけなのに、恐竜ほどの知名度はない。そんな「ペルム紀の古生物」たち。

しかし、魅力的な彼らは、実はさまざまな形で〝私たちの社会〟に存在している。

第2章では、文化の側面から、ペルム紀の古生物に触れてみよう。

第1節

〝造形〟された「ペルム紀古生物」

古生物はしばしば〝造形〟される。そして、商品として市場流通している。

まず紹介すべきは、2000年代に人気を博した「チョコラザウルス・DINOTALES SERIES」だろう 2-1。

これは、菓子メーカーのUHA味覚糖株式会社から発売された、いわゆる「食玩（しょくがん）」である。200円でおつりが出るという低価格にもかかわらず、チョコレート菓子とセットで数センチメートルサイズの古生物フィギュアがついてきた。なお、箱を開けるまでは何が入っているかはわからないという〝ガチャ要素〟があり、当時、筆者が所属していた研究室では、先輩と「あれ、持ってる？」「あれは当てた？」などと競いあったものである。

このフィギュアは、株式会社海洋堂が造形を担当し、「造形師」と呼ばれる人々が関わった。とても豪華な食玩だった。

そんな「DINOTALES SERIES」の第1弾に、ティラノサウルスなどとともに、ディメトロドンとディプロカウルスが登場している。

ディメトロドンは灰色のボディカラーで、暖色系の帆をもって復元された。帆はなかなか肉厚で、首や胸には筋肉がしっかりと盛られている。造形は、木下隆志（きのしたたかし）が担当した。

ディプロカウルスは緑色をベースとし、オレンジ色の模様。喉（のど）がカエルのように膨らんでいる。造形は、山本聖士（やまもとせいじ）による。

ちなみにチョコラザウルスの同シリーズは

© KAIYODO

2-1 DINOTALES SERIESのディメトロドン、エリオプス、ディプロカウルス。すべて筆者の私物。

第4弾までで終了するが、その後、炭酸飲料の付属としてシリーズが復活し、その第5弾にはエリオプスが登場している。黄色の肌に黒色の斑点模様のあるバージョンと、薄紫バージョン。細かい歯もしっかりと復元された。造形は、菅谷中だ。

「DINOTALES SERIES」に登場したこの3種は、ペルム紀古生物の中でも群を抜いた人気がある。

しかし、その中でもとくに人気なのは、やはりディメトロドンだろう。

生き物をテーマにしたフィギュアや雑貨を展開する株式会社フェバリットからは、ディメトロドンのビニールモデルとソフトモデルが販売されている。ビニールモデルは緑色をベースに塗装がなされ、ソフトモデルは灰色のボディカラーで、暖色系の帆となっている。こちらは、ともに徳川広和が造形を担当し、群馬県立自然史博物館の高桑祐司が監修についた。

チョコラザウルスは、現在ではオークションサイトなどでしかお目にかかれないが、フェバリットのディメトロドンは、同社のホームページのほか、全国の博物館などでも購入できる。

2-2 テイーエスティーアドバンスのディメトロドンのぬいぐるみ。筆者の私物。

ディメトロドンは、ぬいぐるみにもなっている。ティーエスティーアドバンス株式会社は、全長33センチメートルというなかなかのサイズのディメトロドンを販売している2-2。さらに全長50センチメートルのエリオプスや、のちの章で紹介するプリオノスクスも販売している。

ディメトロドンは、海外でも人気が高い。ドイツに本社を置くシュライヒや、フランスのパポからも日本円で千円台、二千円台の復元モデルが発売されている。こちらは、子どもが手に持って〝格闘(かくとう)ごっこ〟ができるような丈夫なつくりである。

そのほかにも海外の大小の模型販売サイトで、ディメトロドンはよく見かける題材だ。例えば、さまざまな古生物モデルを販売する「Dan's Dinosaurs」では、海外の造形師が手掛けるディメトロドンの模型を複数確認することができる。100ドルを超えるものともなれば、かなり迫力のある仕上がりである（筆者も一つ所有している）2-3。

2-3 Dan's Dinosaursの「Dimetrodon vs Ophiacodon by Klatt」。筆者の私物。

立体物ではないけれども、ディメトロドンは硬貨にもなっている。カナダでは、古生物が描かれた複数種類の記念コインが発行されている。このうちの一つに、ディメトロドンがあるのだ 2-4。ただし、このコインには、「BATHYGNATHUS BOREALIS」と刻印されている。「バチグナスス（*Bathygnathus*）」とディメトロドンの関係については、のちの章で解説する。

圧倒的な人気を誇るディメトロドンを追随するのは、ともにチョコラザウルスの第1弾のメンバー入りを果たしたディプロカウルスだ。

2-4 カナダで発行されている「*Bathygnathus*」の硬貨と、noesisによるディプロカウルスのシルバーアクセサリー。筆者の私物。

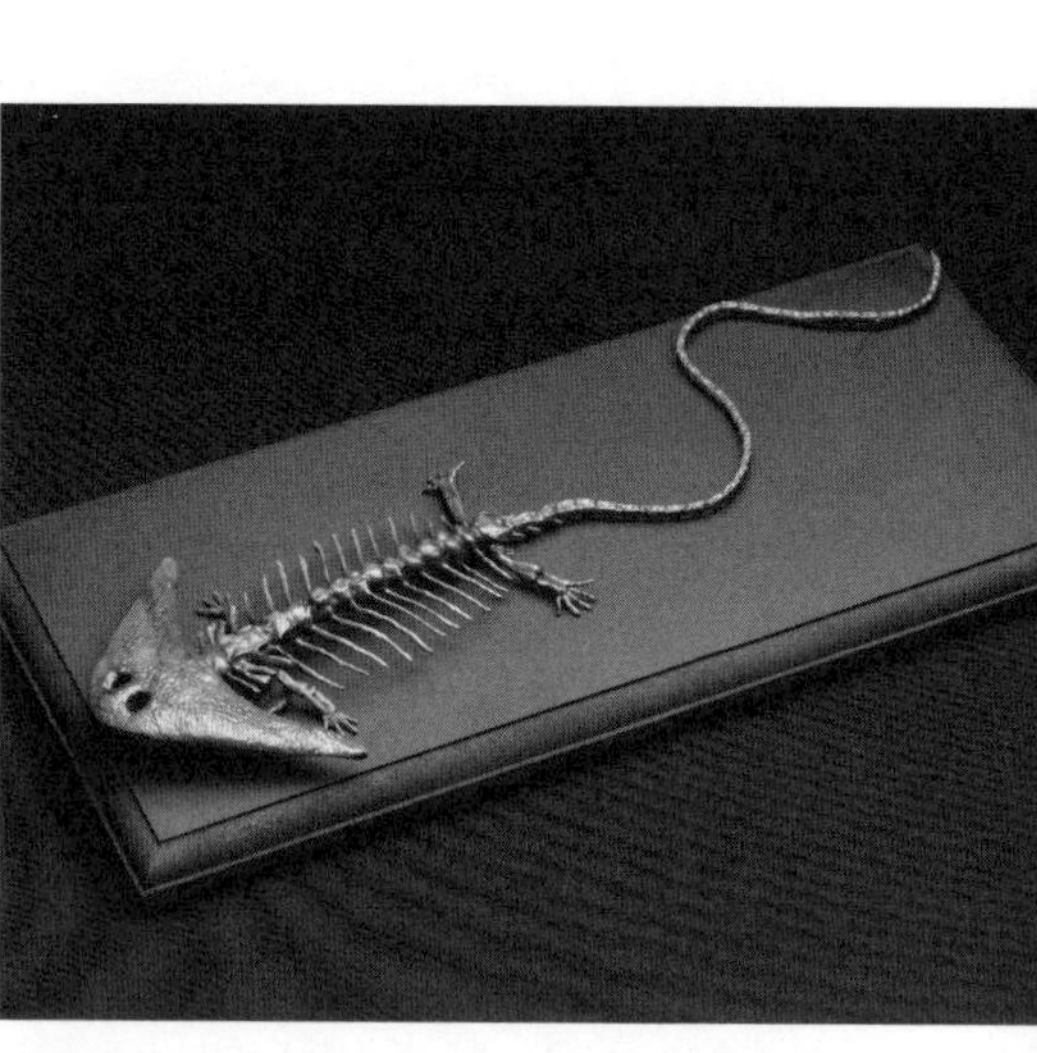

2-5 アンフィ合同会社によるディプロカウルスの縮小全身骨格模型。筆者の私物。

骨格レプリカの販売で知られるアメリカのブラックヒルズ地質学研究所はディプロカウルスの頭骨模型を販売し、日本でもアンフィ合同会社が縮小全身骨格模型を販売している 2-5。また、ディプロカウルスの骨格を模(も)したシルバーアクセサリーをつくり、イベントなどで販売している古生物ファンもいる。

ディプロカウルスの〝ファングッズ〟は、他にも多い。その愛らしさに惹(ひ)かれた人々がいかに多いかを物語っているといえよう。

第2節

図鑑が伝えてきた「ペルム紀古生物」

日本には、「学習図鑑」と呼ばれる図鑑がある。多くの子どもたちが手にとる書籍であり、「動物」「植物」「鳥」「魚」「昆虫」などさまざまなジャンルが刊行されている。同じ出版社の同じシリーズで全ジャンルを揃える家庭も少なくないとされ、学習図鑑を手掛ける出版社はそれぞれその制作に力を入れている。

例えば、1976年に小学館から刊行された『小学館の学習百科図鑑15　大むかしの生物』がある。元早稲田大学の八杉龍一教授と東京大学の浜田隆士教授の共編とされるこの図鑑は、その書名が示すように通史的な内容となっている。ただし、「○○紀」といった時代ごとにまとめられているのではなく、「両生類」「昆虫」「は虫類」「かみなり竜」「巨大な哺乳類」といった、おおよその分類群ごとにまとめられている。現在ではほぼ用いられることのない「かみなり竜」という言葉に、時代を感じることができる。

この図鑑に登場するのは、本書第1章で紹介した代表的な4種のペルム紀古生物のうち、イノストランケヴィアを除く3種だ。ただし、その情報は、現在の理解や表記とは多少異なる。

ディメトロドンは「初期のは虫類」として分類され、「尾が長く、背には異常に発達したとげ状の突起がある」という記述があるものの、その「とげ状の突起」がつくる帆の役割については、いっさい言及されていない。

ディプロカウルスとエリオプスは、「いろいろな両生類」の項で紹介されている。ただし、ディプロカウルスの表記は、「ディプロコウルス」となっている。エリオプスに関しては、その全長が「1・5メートル」と表記されており、現在知られているサイズよりは、ひとまわり以上小さい。

なお、表紙は「バルキテリウム」という大型の絶滅哺乳類が飾っているが、裏表紙には迫力のあるディメトロドンが描かれている2-6。ディメトロドンの〝特別感〟が際立つ。

21世紀になってからは、小学館、ポプラ社、学研、講談社が古生物をテーマとする学習図鑑を刊行した。なお、KADOKAWAも学習図鑑の刊行を進めているが、本書執筆時点では、「恐竜」はあるけれども、「古生物全般」を扱ったものはまだ刊行されていない。

21世紀最初の「古生物全般」の学習図鑑となったのは、小学館の『小学館の図鑑NEO　大むかしの生物』である。2004年に刊行された。監修は日本古生物学会で、学会の重鎮（じゅうちん）ともいえる研究者が名を連ねている。

2-6『小学館の学習百科図鑑15　大むかしの生物』

この図鑑は地質時代ごとにまとめられ、ペルム紀の動物として25種が収録されている。

ディメトロドンは、「単弓類（たんきゅうるい）」として分類されている。20世紀に使われていた「哺乳類型爬虫類」という分類は、一般向けの図鑑であってもこの時点ですでに使われなくなったことがわかる。

また、帆への言及もあり、「ほは、体温調節のほか、なかまを見分けるのにも役立っていたようです」と説明されている。

ディプロカウルスの説明では、その独特な形状の頭部について「泳ぐときに、つばさのように使ったのかもしれません」と簡単に触れられている。

エリオプスは、ペルム紀の項には掲載されておらず、石炭紀の項に「古生代を代表する動物の1つです」として紹介されている。ただし、これはエリオプスが、石炭紀からペルム紀にかけての古生物であるためで、「ペルム紀の古生物」として認識されていなかったというわけではない。

イノストランケヴィアは、この図鑑には収録されていない。そのかわり、同じグループのリカエノプスが「ペルム紀後期の代表的な肉食動物です」と紹介されている。リカエノプスに関しては、このあとの第4章第2節で紹介する。

なお、こちらは背表紙にディメトロドンが描かれている。背表紙は、幅数センチメートルほどの狭い空間ながら、書店で棚差しされたときに、その内容をアピールできる唯一の場所である。そんな象徴的な場所にディメトロドンが描かれていることは、実に興味深い。

2014年、ポプラ社から『ポプラディア大図鑑WONDA　大昔の生きもの』が刊行された。監修は、日本古生物学会の「化石友の会」のメンバー。筆者は執筆と編集指揮を担当した。

この図鑑も、地質時代ごとに古生物をまとめている。ペルム紀の動物は、33種を収録した。ただし、ディメトロドン、ディプロカウルス、エリオプスはその中に入っているものの、イノストランケヴィアは入らず、かわりにリカエノプスなどイノストランケヴィアの仲間の3種を収録している。

2017年には、学研プラスより『学研の図鑑LIVE　古生物』が刊行された。監修はミュージアムパーク茨城県自然博物館の加藤太一である。筆者は編集協力・指導という形で携わった。

この図鑑も、地質時代ごとに古生物をまとめており、ペルム紀の動物は30種が登場する。ディメトロドン、ディプロカウルス、エリオプスと並び、イノストランケヴィアも収録された。

この時点で、学習図鑑にイノストランケヴィアが初めて登場する。その説明文は「全長は3メートルを超え、ゴルゴノプス類の中で最大でした」という簡単なものだ。

2020年になると、講談社から『講談社の動く図鑑move　大むかしの生きもの』が刊行される。監修は群馬県立自然史博物館。筆者は編集協力・指導という形で携わっている。

この図鑑も、地質時代ごとにまとめている。ペルム紀の動物は35種が収録され、ディメトロドン、ディプロカウルス、エリオプス、イノストランケヴィアの4種類は、すべて収録されている。

2017年を境に学習図鑑にイノストランケヴィアが登場するようになったのは、何によるものなのか？

編集に携わった身としてその経緯を明らかにすると、イノストランケヴィアの登場には、2014年に技術評論社から上梓した拙著『石炭紀・ペルム紀の生物』の存在がある 2-7。

この本は、2013年から4年をかけて上梓した「生物ミステリーPROシリーズ」の中の1冊だ。多くの古生物ファンに「古生物の黒い本」の愛称で親しまれているこのシリーズは、地質時代ごとに

2-7『石炭紀・ペルム紀の生物』（技術評論社）

まとめて全11冊（本編10冊＋図譜1冊）で構成されている。

この『石炭紀・ペルム紀の生物』において、筆者は、ディメトロドン、ディプロカウルス、エリオプス、イノストランケヴィアの4種類をすべて標本の写真付で紹介した（同書のコンセプトに、可能な限り標本写真を収録する、という方針があった）。

イノストランケヴィアはそれまで図鑑等で扱われたことはなく、マイナーな存在だった。しかし、ペルム紀の陸上世界を代表する大型肉食動物であり、さらに日本でもその全身復元骨格を見ることができる動物として、掲載するべきだと判断した。筆者の知る限り、イノストランケヴィアの全身復元骨格とイラストを紹介した書籍は、これが初めてである。

一方、学習図鑑をつくる際には、版元編集サイドからの「可能な限り、既知(きち)の多くの種を掲載したい」という要望が往々(おうおう)にしてある。そのため、この黒本における紹介が転機となり、学習図鑑にもイノストランケヴィアが登場するようになったのである。

なお、黒い本は、２０１７年に上梓した『生命史図譜』でシリーズ終了となったが、２０２１年より「正統後継」と位置付けた「興亡史シリーズ」を始めている。新シリーズ第1巻となった『水際の興亡史』では、エリオプスとディプロカウルスを収録している。

第3節

創作に登場する「ペルム紀古生物」

想像をかき立てる古生物は、フィクションとの親和性が高い。

タカラトミーから発売されている「ゾイド（ZOIDS）」を例に挙げてみよう。

ゾイドは、約40年の歴史をもつリアルムービングキット（組立式駆動玩具）だ。さまざまな動物をモチーフとした「メカ生体」という設定で、漫画やアニメ、ゲームなどとのメディアミックスも多い。

モチーフにされる動物には、古生物も多く含まれている。筆者も小学生の頃に小遣いを貯めて、サーベルタイガーをモチーフにしたゾイドを購入し、大切にしていたものである。

本章執筆にあたり、筆者がまず思ったのは、「ゾイドにディメトロドンやディプロカウルスがいるのではないか？」ということだった。特徴的な姿をしたディメトロドンとディプロカウルスは、ゾイドにいてもおかしくない。

調べてみると案の定、ディメトロドンをモチーフにした複数タイプのゾイドが存在し、そしてディプロカウルスも確認できた（そして、折角なので、ディメトロドンとディプロカウルスを購入してみた）。

ディメトロドンをモチーフにしたゾイドは、その名も「ディメトロドン」である 2-8。赤いボディが特徴的で、赤外線レーザーサーチャー、リニアレーザーガン、地対地ミサイルポッドなどの武装をもつ。玩具としての大きさは、長さ31センチメートル、高さ18センチメートル、重さ250グラムといったとこ

2-8 ゾイド、ディメトロドン。筆者の私物。

ろ。同梱されていた説明書によると、設定としての大きさは、長さ22・3メートル、高さ12・6メートル、重さ156トンと、恐竜もびっくりの巨大サイズだ。最高速度は時速150キロメートルに達するという。帆は全天候3Dセンサーとされ、「最強の電子戦兵器」と位置付けられている。「大局的に見れば、味方を大勝利に導く影の主役ゾイドなのである」とのふれ込み付きだ。製作者のディメトロドン愛が伝わってくる。

© TOMY

2-9 ゾイド、ディプロガンズ。筆者の私物。

ディプロカウルスのゾイドは、長さ18センチメートル、幅10センチメートル、重さ30グラム 2-9。設定としては、長さ13メートル、重さ15トン。紫が入った青色のボディで、頭部がブーメラン型になっており、その下にレールキャノンを装備している。「ディプロガンズ」という名前が与えられ、「海洋ゾイドのテッポウウオと、両生類型ゾイドのディプロカウルスが合成して誕生したキメラ」との説明がある。ブーメラン型の〝頭部〟は、「ヘッドカッター」として発射されるとのことである。

残念ながら、「ディメトロドン」も「ディプロガンズ」

も過去の商品で、ともに、現在は生産されていない。しかし、インターネットで検索すれば、未組み立て品を入手することはできる（本書執筆時現在の情報）。

近年でいえば、筆者がコラムを寄稿していた『絶滅酒場』にも、ディメトロドンが登場している。

この作品は、現在、『東京サラダボウル』（パルシィコミックス）を連載中の黒丸の漫画だ。2017年から2020年にかけて少年画報社の月刊誌『ヤングキングアワーズ』で連載され、合計5巻の単行本が出版されている。

『絶滅酒場』は、仕事帰りの古生物たちが美しいママさんのいる酒場に寄って、〝くだをまく〟というユニークな作品である。多くの古生物が登場する中で、エピソード29にディメトロドンが登場する（第3巻に収録）2-10。

このエピソードで描かれるのは、ディメトロドンをはじめと

2-10『絶滅酒場 第3巻』

したペルム紀の単弓類たちの話だ。「ペルム・タンキューズ」という野球チームに所属する彼らは、恐竜類のチームと比べて自分たちの人気がないことを嘆(なげ)く。酒場のシーンでは、チームのエースとしてディメトロドンが登場するも、店員に恐竜類と間違われるという〝あるある話〟が描かれている。「ちょっと変わった大型の古生物＝恐竜類」という図式は、伝統的なものであり、普遍的なものではあるが……恐竜以外の古生物に関わる人々の悲哀を代弁しているようで面白い。

その黒丸をメインイラストレーターに迎えて、筆者は『古生物食堂』を２０１９年に技術評論社から上梓した。この本は、「もしも現代に古生物がいたら、どのように調理するか」という視点でまとめた1冊である。古生物学者には古生物の生態や系統等の情報を取材し、そして、料理の専門家として埼玉県所沢市に店を構える松郷庵甚五郎(まつごうあんじんごろう)の二代目の協力を得て、合計30種の〝古生物料理〟のレシピを創りあげた。

この本では、ディプロカウルスを素材とした「ディプロカウルスのまる鍋風」のレシピを掲載している。美食家として知られる北大路魯山人(きたおおじろさんじん)の記録を参考にして考案された料理。可能であれば、実際に食してみたいところだ。

なお、本書校了間近に公開された、映画『ジュラシックワールド／新たなる支配者』にもディメトロドンは登場している。

第4節 佐野市にある、〝ペルム紀博物館〟

本書の監修を担う佐野市葛生化石館は、「ペルム紀の古生物」の展示に力を入れる博物館だ。

佐野市は、栃木県南西部に位置し、南北に細長い。北には山地、南には関東平野が広がっている。「佐野ラーメン発祥の地」としても知られる。葛生地域は、市の中東部にあり、山地と平野の境付近に位置している。

博物館へのアクセスは2通りだ。電車の場合は、東武佐野線終点の葛生駅で下車して、徒歩約8分。車の場合は北関東道佐野田沼インターチェンジが最も近く、そこから約15分である。

他の地方博物館と比べて、けっして大きい規模の博物館とはいえない。しかし、入館してすぐにイノストランケヴィアの全身復元骨格が出迎えてくれるのは、日本全国でここだけだ。筆者の知る限り、イノストランケヴィアの全身復元骨格を見ることができる国内の博物館は他にない。拙著『石炭紀・ペルム紀の生物』（技術評論社）をはじめ、各書に掲載されているイノストランケヴィアの写真は、この標本である（口絵5ページ参照）。

イノストランケヴィア以外にも第3章で紹介するエンナトサウルスの全身復元骨格やメソサウルスの化石、第4章で紹介するスクトサウルス（幼体）の全身復元骨格なども展示されている。「ペルム紀の海」をテーマとした手づくりのジオラマもあり、大型博物館にはない〝身近な雰囲気〟も心地いい。造形師・徳川広和による生体復元模型もある。

佐野市葛生化石館がペルム紀の展示コーナーをもっている理由は、葛生地域に「鍋山石灰岩（なべやませっかいがん）」が分布しているためだ。この石灰岩のできた時代がペルム紀なのである。鍋山石灰岩にちなんだ、「全国の石灰岩」という〝マニアックなコーナー〟もあるので、石灰岩ファンの読者にも楽しんでいただけるだろう。

なお、佐野市内で中生代のアンモナイトの化石も発見されていることから、中生代の化石もいくつか展示されている。他にもニッポンサイの全身復元骨格をはじめ、さまざまな動物化石もあり、「小さい博物館だな」と思って入館しても、すべてを見終わるときには〝お腹いっぱい〟になっていること請（う）け合いだ。企画展も頻繁に行われているので、ホームページで情報を確認してからの訪問をおすすめする。

第5節 あなたの身近にも「ペルム紀古生物」

もちろん、佐野市葛生化石館以外の博物館でも、ペルム紀の古生物を展示している。ここでは、第1章に登場したディメトロドン、ディプロカウルス、エリオプス、イノストランケヴィアについて、筆者の知る限りの情報をまとめておこう。

やはりというべきか、さすが〝ペルム・タンキューズ〟のエースというべきか。この4種類の中では、ディメトロドンの展示が最も多い。筆者が訪問したことのある博物館だけでも、ミュージアムパーク茨城県自然博物館、群馬県立自然史博物館、福井県立恐竜博物館、国立科学博物館、東海大学自然史博物館、豊橋市自然史博物館、北九州市立自然史・歴史博物館、御船町（みふねまち）恐竜博物館で、ディメトロドンに出会うことができる（ただし、東海大学自然史博物館は、2023年春に閉館予定とのことだ）。

このうち、群馬県立自然史博物館と福井県立恐竜博物館では、実物化石が展示されている。群馬県立自然史博物館の標本をよく見ると、棘突起の一つが途中で折れていることに気づく（口絵2ページ参照）。2011年の東北地方太平洋沖地震の際に折れたとのことだ。標本には、標本になってからの歴史も刻まれるのだ。また、群馬県立自然史博物館と豊橋市自然史博物館には、ディメトロドンの足跡化石も展示されている。

ディプロカウルスは、〝商品〟としては流通量が多いものの、実は標本自体は国内ではさほどお目にかかることはできない。福井県立恐竜博物館に頭骨の標本と模型があるのみだ。

エリオプスは、福井県立恐竜博物館に実物化石と模型があり、豊橋市自然史博物館には全身復元骨格がある。

イノストランケヴィアに関しては、前述の通り、佐野市葛生化石館でのみ、出会うことができる。

博物館ではなくても、ペルム紀の古生物と会うことは可能だ。

例えば、大阪府阪南市のわんぱく王国には、ディメトロドンを模した高さ10メートル、全長21メートルの巨大遊具がある 2-11。この遊具は内部が空洞になっており、200メートルもの長さのすべり台が貫通している。筆

2-11 わんぱく王国のディメトロドン（写真提供：阪南市）

者は訪問したことはないが、このすべり台に乗ってディメトロドンの〝体内〟に突入すると、ディメトロドンが吠えるとのことである。

わんぱく王国の巨大遊具ほどではないにしろ、ディメトロドンの遊具は日本各地の公園に、実はよくある。気になった方は、「ディメトロドン」「公園」で検索すると、多くの情報がヒットするだろう。〝恐竜公園〟の情報をまとめているウェブサイト「恐竜おもちゃの博物館」もおすすめだ。

なお、ここに挙げた4種類以外のペルム紀古生物も、いくつかの博物館で所蔵されている。例えば、のちの章で登場するコティロリンクスは栃木県立博物館に全身化石のレプリカがあり（常設展示ではない）、エダフォサウルスは国立科学博物館で全身復元骨格が展示されている。パレイアサウルスの化石はミュージアムパーク茨城県自然博物館で出会うことができるし、スクトサウルスは東海大学自然史博物館に全身復元骨格がある。リカエノプスは、大阪市立自然史博物館で全身復元骨格が展示されている。

本書を読み終わったら、近くの博物館を、公園を、改めて確認してみてほしい。今まで何気に見落としていたペルム紀古生物が、そこにいるかもしれない。

第6節

あなたの身近にも「日本のペルム紀」

ディメトロドンもディプロカウルスもエリオプスもイノストランケヴィアも、日本では化石が発見されていない。

……発見されていないけれども、日本にだってペルム紀の地層は分布している。本章第4節で触れた葛生地域はその一つ。

他にも、北上山地と金生山は、日本を代表するペルム紀の化石産地として知られている。

北上山地は、青森県から宮城県の太平洋側に連なる山地だ。最高峰は岩手県の早池峰山で、その標高は1914メートルほど。他の地域の「山地」と比べると、穏やかな山々の連なりとなっている。

この早池峰山付近より南側に分布する「南部北上帯」にペルム紀の地層がある。南部北上帯は、ペルム紀当時に北半球の低緯度にあった。その海でつくられた地層であるため、南部北上帯からは、ペルム紀の海棲動物の化石が産出する。のちの章で紹介するペルム紀の軟骨魚類や三葉虫類、腕足動物の化石は、南部北上帯で発見されたものだ。

金生山は、岐阜県大垣市の北西部に位置する標高217メートルほどの小高い山である。ここには、ペルム紀の赤道域でつくられた地層があり、微生物からサンゴ、二枚貝類などの化石が多産している。のちの章で紹介する巨大二枚貝は、金生山から発見されている。さまざまな化石を産する「日本の古生物学発祥の地」でもある。

その他、京都府の福知山市や岡山県西部など、さまざまな地域にペルム紀の海でできた地層があり、大小さまざまな化石が発見されている。

意外かもしれないが、日本で暮らす人々にとって、ペルム紀はけっして〝縁の薄い時代〟ではないのだ。

ちなみに、こうした化石産地で化石採集をするためには、それなりの装備と、もちろん地権者の許可が必要である。装備に関しては、拙著『化石の探偵術』(ワニブックス)を参考にされたい。許可に関しては、最寄りの自然史系博物館で尋ねてみると良いだろう。

第3章

ペルム紀前半の世界

～寒冷化の中で栄えたキテレツ動物たち～

地球の歴史は、今から約46億年前に始まった。

生命の出現時期については議論があるところだけれども、遅くても約35億年前には生命活動が始まっていたことはどうやら確からしい。なにしろ、この時期につくられた岩石から、糸くずのような姿をした、顕微鏡サイズの化石が発見されているのだ。化石こそは、生命の存在を示す直接証拠である。

それから長い間、生命は小さかった。

約5億7500万年前になって、突如として数十センチメートル級の生物が出現する。しかし、この時期の生物に関しては謎が多く、現在の生物とどのようなつながりがあるのか、まだよくわかっていない。

約5億3900万年前、世界は大きく変わった。

このときから、弱肉強食の生存競争が本格化し、進化と多様化が加速度的に展開し始める。

現生生物につながる祖先たちが出現し、化石として残される生物が増え、世界がいっきに〝華やか〟になった。

約5億3900万年前に始まったこの時代を「古生代」という。

古生代は、六つの「紀」で構成されている。古い方から、「カンブリア

古生代

約5億3900万年前
カンブリア紀
約4億8500万年前
オルドビス紀
約4億4400万年前
シルル紀
約4億1900万年前

紀」「オルドビス紀」「シルル紀」「デボン紀」「石炭紀」、そして「ペルム紀」だ。

本書の舞台であるペルム紀は、古生代最後の時代である。

カンブリア紀の海に、顎も鱗ももたない小さなサカナとして登場した脊椎動物は、その後も細々と命脈をつなぎ、オルドビス紀には鱗を、シルル紀には顎を獲得し、デボン紀には海洋生態系の上位に躍り出た。この間に、地上では先に上陸を果たした植物によって、森林が築かれている。

デボン紀は、脊椎動物にとって躍進の時代である。海洋生態系の覇権を確立しただけではなく、脊椎動物史上初となる〝上陸作戦〟も成功させる。このとき上陸した脊椎動物は、まとめて「四足動物」、あるいは「四肢動物」「四足類」などと呼ばれている（いずれも「Tetrapoda」の和訳である。正式な日本語名は決まっていない）。

その後、石炭紀には脊椎動物の内陸進出も本格化した。生命進化の舞台に、「陸上世界」の物語が加わる。

そうしてやってきた時代こそが、ペルム紀である。約2億9900万年前に始まり、約2億5200万年前まで続いた。

中生代
約2億5200万年前
約2億9900万年前
約3億5900万年前
ペルム紀
石炭紀
デボン紀

第1節

世界は冷え込んでいた

ペルム紀の物語は、最初から最後まで、超大陸パンゲアを舞台として語られる。

2021年、ノースウエスタン大学（アメリカ）のクリストファー・R・スコテーゼたちは、過去5億4000万年間の地球の気温変化をまとめた論文を発表している。この論文によると、ペルム紀が始まったときの地球の平均気温は、12℃ほどしかなかった。12℃という気温は、現代でいえば、東京の11月の平均気温に近い。当時、南半球には、大陸を広く覆う巨大な氷床があった。

ペルム紀の気候は、この〝大寒冷期〟からの温暖化で特徴づけられる。

寒暖の変化を繰り返しながらも、しだいに地球の気候は暖かくなっていった。それでも、前半期は概ね寒冷で、この時期の平均気温は、14・6℃しかなかったと算出されている。

ちなみに、日本の環境省のホームページによると、現在の地球の平均気温は、約15℃であるという。

「温暖化が進む現在の地球とたいして変わらない？　それならば、寒冷ではなく、温暖だったのではないか？」

そう、思われるかもしれない。

しかし、スコテーゼたちの論文によると、カンブリア紀以降の地球の歴史において、平均気温が18℃を下回る時代の方が、実は珍しいのだ。事実、ペルム紀ののちに来る中生代1億８６００万年間においては、平均気温が18℃を下回ったことは一度もない。

現在の地球の温暖化問題については、そちらの専門の本に説明をお任せするとして、ペルム紀の前半期は〝地球史規模〟で寒かった。赤道と、ごく低緯度の地域だけが熱帯だった。北半球の中緯度には温暖な地域があったとみられているけれども、巨大な氷床のある南半球では中緯度地域であっても寒冷な気候が広がっていたとみられている。また、超大陸の内部は海から遠く、水分が到達しにくいため、パンゲアの深部は広大な乾燥地域となっていた。平均気温だけをみると現代とペルム紀は似ているとはいえ、棲みやすさの点でいえば、現代の方がよほど上にあるようにみえる。

植生は、シダ植物と、原始的な裸子植物が中心だ。この時代、いわゆる「花」を咲かせる被子植物はまだ登場していない。風景は、現代よりもシンプルだった。

ペルム紀は、三つの時代に分割されている。先ほどから「前半期」と呼んできた。これは時代名ではなく、あくまでもペルム紀の４７００万年間を単純に二分したときの前半を指してのものだ。

一方、ペルム紀を学術的に三つに分ける時代には、古い方から「シスウラリアン」「グアダルピアン」「ローピンジアン」という名前がつけられている（いささか覚えにくい）。シスウラリアンとグアダルピアンの境界が約2億７３００万年前、グアダルピアンとローピンジアンの境界が約2億６０００万年前である。「前半期」は、ほぼシスウラリアンに相当する。そして、後半期がさらに二つに分かれるというイメージだ。なお、三つ目の時代であるローピンジアンは、わずか800万年間ほどしかない。後半期の6割以上はグアダルピアンなのだ。ただし、国際地質科学連合が定めた〝公式の地質年代表〟では使われていないけれども、シスウラリアンを「前期」、グアダルピアンを「中期」、ローピンジアンを「後期」と表記することもある。この場合、字面(じづら)が示唆(しさ)するような〝均等な三分割〟ではないことに注意が必要だ。

第2節

小さすぎる頭で、いかに生きたのだろうか？

本章のここから先は、シスウラリアンを中心に栄えた四足動物について綴(つづ)っていきたい。

まずは、でっぷり体型と、それに不釣(つ)り合いなほどの小さな頭を特徴とする「カセア類」だ。

カセア類は石炭紀の後期のアメリカに出現したグループで、シスウラリアンとグアダルピアンに隆盛を誇り、そして、ローピンジアンまで命脈を保った〝長寿〟の単弓類である。その生息域はアメリカからヨーロッパまで広範囲にわたっていた。

単弓類ではあるけれども、第1章で紹介したディメトロドンやイノストランケヴィアとは遠縁で、哺乳類とも関係は遠い。

カセア類のトレードマークである小さな頭の小さな口には、ヘラのような、あるいは木の葉のような形状の歯が並んでいた。これは、典型的な植物食用の歯だ。葉を枝や茎からむしり取ることに適している。この特徴をもつことから、カセア類は四足動物の歴史の中で最初期の〝植物食特化型〟の一つとされている。大きな胴体には、長い消化器官が収まっていたのだろう。一般に、植物は肉よりも消化に時間がかかる。そのため、植物食の動物は、でっぷりとした胴体をもつ傾向がある。

長い期間にわたって栄えたカセア類は、ボディサイズの多様性が豊かだった。最も小さな種の全長は1メートルに満たず、体重も10キログラム未満だったとされる。一方で、大きな種の全長は3・8メートルにおよび、体重も500キログラムに達したと見積もられている。大小のカ

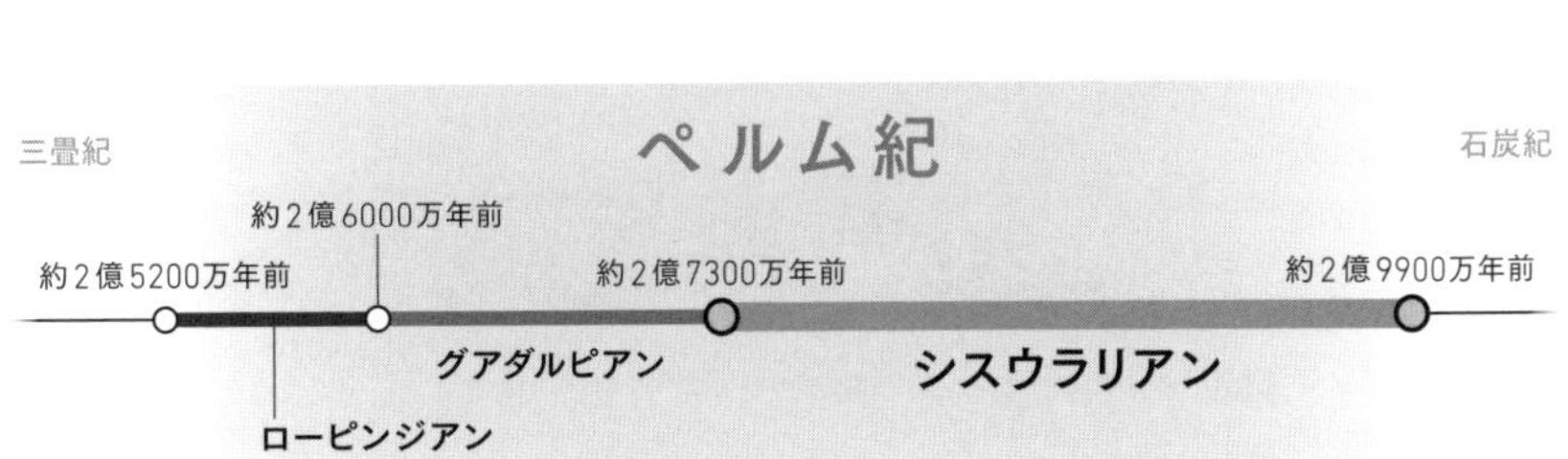

セア類におけるその体重差は、実に50倍だ。現代の動物でたとえるならば、小型犬と競走馬ほどの体重差がある。出現が遅かった種ほど大型である傾向があるという。本節では、そんなカセア類から、「ミクテロサウルス（*Mycterosaurus*）」「カセア（*Casea*）」「コティロリンクス（*Cotylorhynchus*）」「エンナトサウルス（*Ennatosaurus*）」を紹介しよう。

ミクテロサウルス（*Mycterosaurus*）3-1

最初期のカセア類とされ、その化石はアメリカのテキサス州に分布するシスウラリアン初頭の地層から発見されている。全長60センチメートルほどで、推定される体重は3キログラムほどしかないという軽量級だ。からだは細い。のちのカセア類と比較すると、からだに対する頭部のサイズの割合は大きく、四肢も長かった。眼窩(がんか)は大きく、口には大小の鋭い歯が並ぶ。ローマーとプライスが1940年に著した『REVIEW OF THE PELYCOSAURIA』では、小型の爬虫(はちゅう)類(るい)や昆虫類を食べていた可能性が指摘されている。つまり、「植物食特化型」とされるカセア類であっても、その最初期の種は肉食だったのかもしれないのだ。

3-1 ミクテロサウルス。最初期のカセア類で、のちの仲間にみられるような“でっぷり感”はない。

3-2 カセア。小さな頭部に大きな胴体、短い四肢という特徴を備える。

カセア（*Casea*）3-2

改めて書くまでもなく、カセア類の代表種である。なにしろグループ名になっている。テキサス州に分布するシスウラリアン末の地層から化石が発見されている。全長は1・2メートルほどで、推定される体重は21キログラム。全長の半分を長い尾が占め、頭部は小さくて吻部（ふんぶ）が寸詰まりで高さがあった。胴体は大きく、四肢は短い。歯は横に幅広く、植物を食べていたと考えられている。そして、それなりの咀嚼（そしゃく）力もあったらしい。代表種ではあるが、その情報は多くない。

コティロリンクス（*Cotylorhynchus*）3-3

カセア類における大型種の代表格。全長は3～4メートルに達した。『REVIEW OF THE PELYCOSAURIA』では、全長が約3・7メートルだった個体の体重が330キログラムと推定されている。そんな巨体でありながらも、頭部の長さは20センチメートルほどしかない。幅も20センチメートル弱といったところだ。この原稿を書いている筆者のすぐそばで、ラブラドール・レトリバーが寝息を立てている。まもなく12歳になる彼女の頭部を測ると、コティロリンクスの頭部とほぼ同じサイズである。なお、彼女の全長は尾をまっすぐ伸ばしても1・4メートルほどだ。ラブラドール・レトリバーとコティロリンクスは、頭部こそ同じサイズだけれども、全長で2・5倍、体重で13倍以上の差がある。

カセアに似た風貌だけれども、こちらの方がより巨体であり、がっしりとしている。大きな胴体は、植物食への適応結果とされる。吻部は寸詰まり。一方で、鼻孔周辺が前方にわずかに突出している。「小さな頭に大きなからだ」というカセア類の一般的なイメージは、コティロリンクスに拠るところが大きいかもしれない。化石は、オクラホマ州に分布するシスウラリアンの後半の地層と、グアダルピアンの冒頭の地層から発見されている。

3-3 コティロリンクス。カセア類のイメージを代表する。ただし、その生態には謎が多い（本文参照）。

エンナトサウルス（*Ennatosaurus*）3-4

ロシア北西部のピネガ近郊に分布するグアダルピアンの後期の地層から化石が発見された。カセア類の歴史では、その最終盤に登場したことになる。6・7センチメートルほどの小さな大腿骨（だいたいこつ）が知られている。推定全長は1メートル。この骨の〝主〟は、未成熟であることが指摘されており、成熟後（成体）のサイズは不明だ。

3-4 エンナトサウルス。未成熟個体だけが知られる。

仮説ではあるが、「カセア類は、水中で暮らしていた」という指摘がある。

もしも完全な陸棲（りくせい）であった場合、とくにコティロリンクスのような大型のカセア類は、水を飲もうとしても、その大きな胸が邪魔（じゃま）になり、さらに、自身の首がさほど長くないこともあって（短い首もカセア類に共通する特徴の一つだ）、口が地面まで届かない。このことは、水たまりの水でさえ飲むことができず、ましてや、川や湖の水はもっと難しかったことを意味している。

2016年に、ライン・フリードリヒ・ヴィルヘルム大学ボン（通称：ボン大学／ドイツ）のマルクス・ランバーツたちが発表した研究によると、コティロリンクスの骨の構造は、現生の水棲(すいせい)哺乳類のそれとよく似ているという。この分析に基づいて、ランバーツたちは、コティロリンクスやその近縁種が水棲だった可能性があるとした。水棲であれば、〝胸がつかえて、口が水に届かない問題〟も解決する。なにしろ、水は自分のまわりにいくらでもある。いつでも飲むことができるのだ。

ランバーツたちは、ここからさらに議論を発展させている。

仮に、カセア類が水棲種だったとしても、多くのサカナのような鰓(えら)呼吸ではなく、肺呼吸だったはずである。知られている限りの四足動物はすべて肺呼吸であり、クジラ類のように二次的に水棲適応した種類も、肺呼吸を行うからだ。

そして、肺呼吸ということは、呼吸のために水面から顔を出さなければならない。水辺に暮らす捕食者にとって、獲物が呼吸する瞬間は、絶好の〝狩り〟のタイミングとなる。彼らは水面をみつめて岸でじっと待ち、カセア類が顔を出した瞬間を襲(おそ)えば良い。

この狩りから逃れるためには、カセア類はできるだけ短時間で呼吸を終えて、水中に戻る必要があったはずだ。

カセア類には、この〝短時間の呼吸〟を可能とする「横隔膜(おうかくまく)」があったのではないか。

ランバーツたちはそう指摘している。横隔膜は、哺乳類の効率的な呼吸を助けるための筋肉で、私たちヒトも備えている。

実際のところ、横隔膜の化石が発見されているわけではないので、この指摘はあくまでも「あったのではないか」という可能性の話である。しかし、その存在の可能性があるグループとしては、カセア類は最古の存在であるという。

一方、2022年、吉林大学（中国）のロバート・R・ライズたちは、この〝カセア類水棲説〟に対して反論ともいえる研究を発表した。

ライズたちは、ランバーツたちの研究を「興味深い（intriguing）」としつつ、カセア類の代表ともいえるコティロリンクスを「陸棲種」と位置付けた。

ライズたちによると、コティロリンクスの骨の内部構造が水棲哺乳類のそれと似ていることは否定できないものの、骨格には水棲適応者としてのつくりが確認できないという。また、コティロリンクスのいくつかの化石が発見された地層は、河川ではなく、陸域でつくられたものであるとも指摘した。つまり、内部構造以外に水棲を示唆する要素がないというのだ。「面白くなってきた」と書くと不謹慎かもしれないが、今後の展開が気になるところだ。

ちなみに、ライズたちはコティロリンクスの口蓋に小さな歯が多数あることにも注目している。この小さな歯は、「口蓋歯」と呼ばれる構造で、爬虫類などに見ることができる。ライズたちは、コティロリンクスが歯で植物を〝刈り取った〟のち、舌で口蓋歯に植物を押し付けて繊維を壊し、消化しやすくしていたとみている。コティロリンクスの舌は未発見であるため、なんともいえない仮説であるけれども……こちらも注目しておきたい。

第3節

王の側近たちにも、帆はあったのか？

カセア類に近い分類群として、「ユーペリコサウルス類」と呼ばれる単弓類のグループがある。このグループは、カセア類よりも多くの種を擁する大所帯であり、さらに「ヴァラノプス類」「オフィアコドン類」「エダフォサウルス類」「スフェナコドン類」「獣弓類」といった各グループに分けることができる。

ここに挙げた5つのグループの中で、本書ですでに紹介した古生物が属するグループが二つある。一つは、「スフェナコドン類」だ。こちらには、第1章で多くのページを割いた〝ペルム紀前半期の覇者〟、ディメトロドンが含まれる。

もう一つは、「獣弓類」だ。こちらは、第1章で紹介した〝ペルム紀後半期の覇者〟、イノストランケヴィアが分類されている。ちなみに、哺乳類もこの獣弓類に含まれる。

つまり、ユーペリコサウルス類には、第1章で紹介した〝王者級〟のものたちが多く含まれている。シスウラリアンにおいて栄えたのは、獣弓類以外の4つのグループだ。本節では、この4グループについて綴ることにしよう。

なお、「ユーペリコサウルス類」という分類名は、英語で「Eupelycosauria」と書く。「Eu」には「真」という意味があり、「pelycosauria」はかねてより「盤竜類」という邦訳が存在する。そのため、「ユーペリコサウルス類」は、「真盤竜類」と書かれることが多い。本書でもこれから先は、この言葉を使っていく。

ちなみに、「真盤竜類」があれば、「偽盤竜類」がある……というわけではない。

しかし、「真（Eu）」がつかない「盤竜類（Pelycosauria）」というグループがあった。

盤竜類は、真盤竜類に加えて、カセア類やその近縁グループを含む大きな分類群だった。従来、とくにシスウラリアンに繁栄した単弓類をざっくりとまとめて、「盤竜類」と呼んでいた。しかし研究の進展によって、盤竜類内の進化は、より複雑であったとみなされるようになった。そのため、「盤竜類」という言葉は、学術上では使われない傾向にある。

それでも、この時期の単弓類をまとめて呼ぶことは便利なので、多くの研究者がこの言葉を確信犯的に使い続けている。その際、「正式な分類名ではないよ」という意味をこめて、比喩を意味する「〝　〟」の記号を使って、「〝盤竜類〟」と表記することが多い。

ペルム紀の動物を調べると、「哺乳類型爬虫類」という用語が消えたり、「盤竜類」が比喩化したりと、古くからの古生物ファンはいささか混乱されるかもしれない。しかし、これも古生物学が進歩している故なのだ……と前向きに捉えていただきたい。

閑話休題。

真盤竜類である。

ヴァラノプス類

小規模な真盤竜類のグループ。最初期の種は石炭紀の末に登場し、グアダルピアンまでの長きにわたって栄えたグループでもある。その分布域も広い。パンゲアの北部にも南部にもいたことがわかっている。やや幅広の胴体をもち、胴体の割には頭部が小さく、吻部が鋭い。他の真盤竜類と比較すると、四肢は長い方だ。多くは小型であり、大きな種でも1メートル強しかない。現代の動物でいえば、大型犬サイズといったところ。口には小さな歯が並ぶ肉食性である。

伝統的な分類では真盤竜類に属するとされるけれども、なにしろ化石が少ないために、それを疑問視する研究もある。例えば、2018年にオックスフォード大学（イギリス）のディヴィッド・P・フォードとロジャー・B・J・ベンソンが、ヴァラノプス類の中でも原始的とされる種を分析し、ヴァラノプス類全体が「双弓類」である可能性を指摘している。

双弓類は真盤竜類とはまったく関係ない。そして、名前から示唆されるように単弓類とも別のグループである。爬虫類を構成するグループの一つ、と覚えておけば間違いないだろう。つまり、フォードとベンソンはこの研究で、それまで〝哺乳類の原始的な仲間〟とされていた動物群を、実は〝爬虫類の原始的な仲間〟なのではないか、と指摘したのだ。かなり根幹から分類を移動することになるため、今後の研究の展開が気になるところである。

このグループの代表として、グループ名にもなっている「**ヴァラノプス**（*Varanops*）」を紹介しておきたい 3-5 。

ヴァラノプスは、『REVIEW OF THE PELYCOSAURIA』においてローマーとプライスが「典型的なヴァラノプス類」と呼ぶ存在である。全長は1・1メートル。推定体重は22キログラム。当家のラブラドール・レトリバーと比べると、頭胴長（鼻先からお尻までの長さ）も重さもほぼ同じだ。ただし、ラブラドール・レトリバーとはちがって全長の半分を長い尾が占め、四肢は細い。そして、とくに後ろ脚（あし）が不釣り合いに長い、という特徴がある。顎は短く、そこには小さいけれども頑丈な歯が並んでいた。こうした特徴に基づいて、ローマーは、ヴァラノプスが陸棲であり、小型の四足動物や幼体（ようたい）を襲っていたのではないか、と指摘している。化石は、アメリカのオクラホマ州とテキサス州に分布するシスウラリアン末の地層から発見されている。

3-5 ヴァラノプス。典型的なヴァラノプス類。

オフィアコドン類

小規模な真盤竜類のグループ。石炭紀の後期からシスウラリアンまでの歴史をもつ。分布域は広く、その化石はアメリカを中心にイギリスや南アフリカからも発見されている。

ただし、部分化石ばかりであるため、謎が多い。

その中で「ヴァラノサウルス（*Varanosaurus*）」と「オフィアコドン（*Ophiacodon*）」だけは、良い標本が発見されている。この2種類を見る限り、オフィアコドン類は大きな頭骨を特徴とするようだ。その頭骨は高さがあり、吻部も長い。口の中には、円錐形の小さな歯が並ぶ。肉食性だ。前脚と比べて、後ろ脚が長いという特徴がある。小さな種は全長数十センチメートルと小型犬、あるいは中型犬サイズ。大きな種は全長が3メートル以上になり、ディメトロドンやイノストランケヴィアと同クラスの巨体であった。

ヴァラノサウルス 3-6 は、テキサス州に分布するシスウラリアンの後半期の地層から化石が発見されている。名前のよく似てい

3-6 ヴァラノサウルス。オフィアコドン類としては、珍しく全身がわかっている。

るヴァラノプス類のヴァラノプスとほぼ同サイズで、全長は1・1メートル、推定される体重は28キログラム。ヴァラノプスと比べると、頭部がやや長く、胴がやや短く、尾がやや長かった。頭部は、上面も側面もやや平らであり、オフィアコドンほどの高さはない。

オフィアコドン3-7は、アメリカとイギリスに分布する石炭紀の後期からシスウラリアンの後半期にかけてできた地層から化石が発見されている。なかなか〝長寿〟なオフィアコドン類といえるだろう。ヴァラノサウルスと同じように〝長い頭部〟を特徴とするが、こちらの頭部は高さもしっかりとある。

オフィアコドン属には複数の種が報告されており、それぞれサイズが異なる。小さな種は、推定体重28キログラムほどで、大きな種は230キログラムに達したものもいたとされている。

2015年にケープ大学（南アフリカ）のクリステン・D・シェルトンとボン大学（ドイツ）のP・マーティン・サンダーが骨の組織構造を解析した研究によると、オフィアコドンの成長は急速で、

3-7 オフィアコドン。45ページの模型では、ディメトロドンと対峙している。

哺乳類の成長のしかたと似ていたのではないかという。つまり、哺乳類と同じような〝成長期〟があった可能性がある。

また、かねてより少なくとも一部のオフィアコドン属は半水棲ではないか、と指摘されていた。例えば、『REVIEW OF THE PELYCOSAURIA』でローマーとプライスは後ろ脚が長いことが水棲種の特徴であるとしている。骨の組織を調べた別の研究では、そのつくりが二次的に水棲適応した現生の四足動物に類似することが指摘されている。また、指先の骨が平たいことから、これは水を掻くことに向いていたともされた。歯の形状は、魚食を主とするワニ類のそれに近い。こうしてみていくと、確かに水棲種とされる特徴を兼ね備えているようにみえる。

しかしオフィアコドンの生態に関しては、必ずしも研究者間で統一見解があるわけではないようだ。

2014年に刊行された『Early Evolutionary History of the Synapsida』にオハイオ大学（アメリカ）のライアン・N・フェリスと、フィールド自然史博物館（アメリカ）のケネス・D・アンジルチェックが寄稿した原稿では、こうした特徴の多くが、そもそも「半水棲」と断言するには弱い、と指摘している。陸棲種であっても、こうした特徴は確認できるというのだ。そして、オフィアコドンの椎骨の動きについて調べたところ、

3-8 エダフォサウルス。ディメトロドンと間違われることが多いが……。23ページのディメトロドン・グランディスの復元画などと比較されたし。

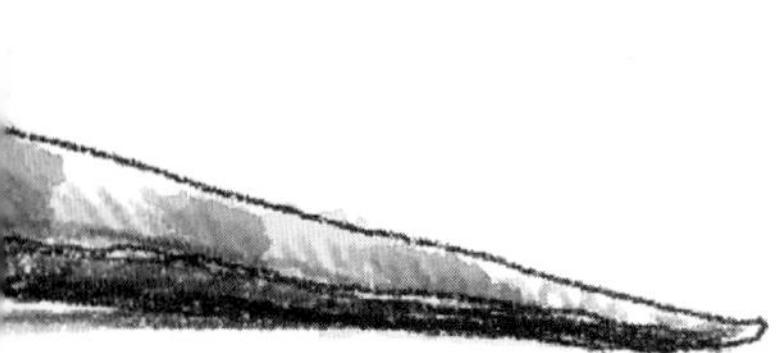

その動きは水棲種のものとはみられなかったらしい。

エダフォサウルス類

　石炭紀の後期からシスウラリアンまでの歴史をもつ。アメリカを中心に、ドイツからも化石が発見されている。カセア類と同じように、植物食に特化したグループとされている。がっしりとした四肢と長い尾をもち、背骨の棘突起が長いことを特徴とする。頭骨は短く、そして低かった。歯は杭のような形状をしていて、何かを「切る」よりは、「鋤く」ことに向いていた。口の奥には、細かな歯がびっしりと並んでいる（この細かな歯の役割は不明だ）。

　グループの代表は、もちろん、「**エダフォサウルス**（*Edaphosaurus*）」である 3-8 。複数種が報告されており、大きな種では全長３・２メートル、体重は１８６キログラムに達したとされる。でっぷりとした

胴体は、植物の繊維を消化するための長い消化管が入っていたとみられている。顎を引く力が強かったという指摘もあり、植物を鋤きとったり、ある程度は口で枝葉を破砕して消化しやすくすることもできたという。

背中の発達した棘突起の間には、皮膜の帆が張られていたと解釈されている。その大きな体格とあいまって、ディメトロドンと似た印象をもたれることが多い。実際、同じような環境に生息していたと考えられている。

ただし、エダフォサウルスの棘突起は、ディメトロドンのそれとは大きくちがっていた。長さこそさほど変わらないものの、エダフォサウルス属の種によっては、その棘突起にはかなりの前後幅があり、板のようになっていた。しかもその板の側面に、水平方向に短く伸びる細かな突起が並んでいたのだ。ディメトロドンの細くてシンプルな棘突起とは随分と趣が異なる。

かねてより、エダフォサウルスの帆にもディメトロドンと同様に熱交換機能があったのではないか、と複数の研究者が指摘してきた。エダフォサウルスも、帆を日光に当てることで体温の上昇を促し、帆を風に当てることで体温を下げていたのではないか、というわけだ。しかし、一部のディメトロドンに確認されている「棘突起内の血管の痕跡」は、エダフォサウルスには見いだされていない。

棘突起内の血管は、「帆＝熱交換器説」の強力な証拠だ。その証拠がないため、エダフォサウルスの帆には熱交換機能はなかったとの見方も少なくない。

例えば、１９８６年にネブラスカ大学（アメリカ）のスティーブン・ハックが、ディメトロドンとエダフォサウルスの帆に関する論文を発表している。主たる分析はディメトロドンの各種に対して行われたもので、ディメトロドンが早朝に体温を上昇させることで狩りを有利に展開することができた可能性を指摘している。一方で、植物食性であり、被捕食者でもあったエダフォサウルスについては、帆に触れつつも、熱交換機能の有無に関しては言及していない。ただ、エダフォサウルスが体温を効率よく上昇させることができたとして、それがどの程度の意味をもっていたのかについては疑問を投げかけている。

植物は逃げない。ゆっくりと起きてから、暖かい日中に食べれば良いのだ。熱交換機能をもつ意味が「獲物の動きが鈍(にぶ)いうちに襲うことができる」という点にあるのであれば、エダフォサウルスにはその必要性がないのである。

2010年、ウエスタン・オーストラリア大学（オーストラリア）のジョセフ・L・トムキンスは、エダフォサウルスの帆の役割が、種内ディスプレイだった可能性を指摘した。トムキンスは、標本数が少ないことからあくまでも〝控えめな仮説〟とことわりを入れた上で、棘突起の左右に発達する突起の数が成長とともに増していく傾向があることに注目し、それがある種のシカのツノが成長とともに複雑化することと似ていると指摘したのだ。シカの複雑なツノは、性選択（雌(めす)が雄(おす)を選(え)り好みしたことによる進化）によって発達したと考えられており、エダフォサウルスの棘突起上の小突起も同じである可能性があるという。

なお、エダフォサウルス類の棘突起には必ずしも左右の突起があるというわけではない。

例えば、エダフォサウルスと同じペルム紀のアメリカを生きていた「**ルペオサウルス**（*Lupeosaurus*）」3-9は、全長3メートル、推定体重166キログラムとエダフォサウルスとほぼ同等のからだをもつが、棘突起は、ディメトロドンのそれとよく似て細く、長く、そして、水平方向の突起がなかった。ちなみに、ルペオサウルスは頭部の化石が未発見のため、面構えは不明である。本書では、『REVIEW OF THE PELYCOSAURIA』の仮の図面をもとにした復元画を掲載した。

スフェナコドン類

石炭紀の後期からシスウラリアンまでの歴史をもつ。石炭紀の後期の化石は、アメリカとドイツ、チェコから報告があり、ペルム紀のものは、アメリカとカナダから報告がある。

スフェナコドン類は、ディメトロドンを擁するグループである。中型から大型サイズの狩人として陸上生態系に君臨(くんりん)した。単弓類としては原始的といえる〝腹這い(はらば)い姿勢〟でありながら、口の前方の歯が後方

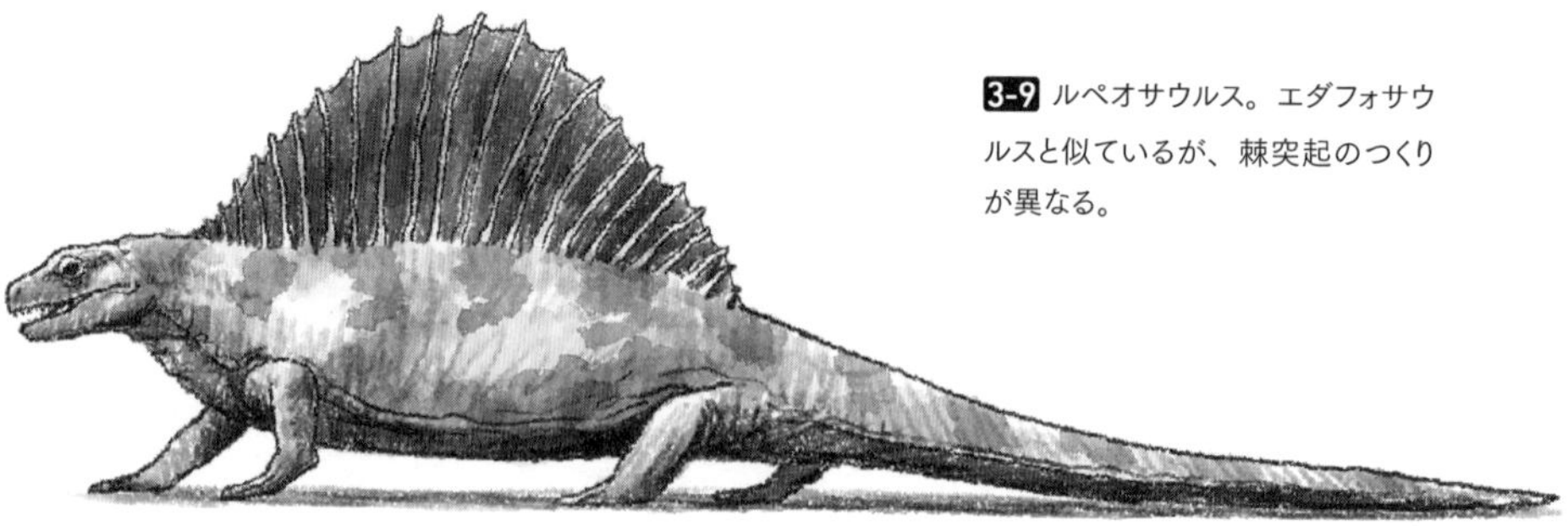

3-9 ルペオサウルス。エダフォサウルスと似ているが、棘突起のつくりが異なる。

の歯よりも長いという異歯性（いしせい）――当時としては〝進歩的な特徴〟をもっていた。

ディメトロドンに代表されるように、背の棘突起が発達した種が多いのもこのグループの特徴である。ただし、スフェナコドン類のすべての種が、〝帆〟を備えていたわけではないようだ。

ディメトロドンを除けば、このグループの代表は、「スフェナコドン（*Sphenacodon*）」だろう。全長180センチメートルほどの「**スフェナコドン・フェロックス**（*S. ferox*）」3-10と全長230センチメートルほどの「**スフェナコドン・フェロシオール**（*S. ferocior*）」3-11が知られている。前者の推定体重は52キログラムほど、後者の推定体重は129キログラムほどとされる。

両種とも、簡単にいえば、その特徴は「帆のないディメトロドン」である。棘突起は発達しているけれども、それは平たく、そして〝やや長い程度〟だ。顔つきはディメトロドンによく似ているけれども、よく見ると異歯性はディメトロドンより弱い。また、鞏膜輪（きょうまくりん）（眼の内部の骨）を調べたK・D・アンジルチェックと、L・シュミッツの

3-10 スフェナコドン・フェロックス。「帆のないディメトロドン」といった風貌である。

3-11 スフェナコドン・フェロシオール。フェロックスよりひとまわり大きい。

２０１４年の研究によると、少なくともスフェナコドン・フェロックスの眼に関しては、ディメトロドン・ミレリと同じように〝暗い場所でよく見える仕様〟であるという。また、歯の異歯性は弱く、その点に注目したカースティン・Ｓ・ブリンクとロバート・Ｒ・ライツの２０１４年の研究では、ディメトロドンに連なる系譜（けいふ）の、より原始的な段階としてスフェナコドンが位置付けられている。なお、スフェナコドンは石炭紀末に登場し、シスウラリアンの半ばまでの歴史をもつ。

スフェナコドンより原始的とされるスフェナコドン類に、「**ハプトダス**（*Haptodus*）」がいる 3-12。スフェナコドンと比べると、「なるほど原始的」と頷（うなず）けるほど、すべての特徴の〝主張〟が弱い。

顔つきはスフェナコドンに似ているけれども、歯の異歯性はスフェナコドンよりもさらに弱く、そして、背中の棘突起も短い。全体的に、インパクトに欠けるのだ。複数種が報告されているハプトダス属において、最大種でも全長は１４０センチメートルほど。小さな種の全長は、60センチメートルに満たない。

3-12 ハプトダス。原始的なスフェナコドン類。

カナダからは、ディメトロドンとそっくりの「**バチグナスス**（*Bathygnathus*）」が報告されている。バチグナススの化石は、頭骨の一部しか発見されていないために謎が多いけれども、『REVIEW OF THE PELYCOSAURIA』では、ディメトロドン・リムバトゥスや、スフェナコドン・フェロシオールとよく似た体格で、よく似た歯だったと指摘している。

2015年、ブリンクたちはこの唯一の標本を再分析し、「バチグナスス」という独立した属ではなく、ディメトロドン属に分類すべきであると主張した。この場合の学名は、バチグナススのときの種小名がそのまま継承され、「ディメトロドン・ボレアリス（*Dimetrodon borealis*）」となる。

スフェナコドン類にあって、ディメトロドン同様に背中に〝帆〟をもっていたことが確実視されているのは、「**セコドントサウルス**（*Secodontosaurus*）」だ 3-13。

もっとも、「確実視されている」とはいっても、ディメトロドンのように細長い棘突起が並ぶ化石が発見されているわけではない。知られ

3-13 セコドントサウルス。長い棘突起が確認されているわけではないが、それをもっていた可能性が高いとされている。

ているセコドントサウルスの標本は頭骨と部分骨格だけである。ただし、その部分骨格の特徴がディメトロドンとよく似ているため、帆をもっていた可能性が高いとされる。

セコドントサウルスの化石はそんな状態なので、全長値はよくわかっていない。しかし、長さ54センチメートルほどの頭骨が発見されている。この大きさは、全長3・2メートルのディメトロドン・グランディスよりわずかに小さい程度だ。セコドントサウルスがよほどの〝頭でっかち〟でもなければ、おそらくディメトロドン属の最大種とほぼ同クラスの大型だったとみていいだろう。

この頭骨に、セコドントサウルスの特徴があった。吻部が長く、高さはなく、幅が細いのである。異歯性はディメトロドンほどではなく、歯は全体的に円錐形に近く、そして、とくに下顎の歯は短かった。

こうした特徴は、現生のワニ類のそれに近い。故に、セコドントサウルスは半水棲で、小魚を獲る魚食性だったとみられている。細い頭骨は、水の抵抗が少なく、水中で動かすことに向いているからだ。

ただし、トロント大学（カナダ）のロバート・R・レイズたちは、1992年に発表した研究で、この「魚食性説」に異を唱えている。

レイズたちは、セコドントサウルスが帆を備えていたことを前提とし、そして、その帆を根拠の一つとして、水中で獲物を狩っていた可能性を否定した。確かに、せっかく頭骨が水の抵抗を減らしているのに、背中に大きな帆があれば、それはダイナシであるようにみえる。レイズたちによると、セコドントサウルスのこの細長い頭骨は、岩の隙間(すきま)や巣穴などに逃げ込んだ小型の四足動物を捕食するためのものだったのではないか、という。

第4節 新型の単弓類、現る

シスウラリアン最末期、真盤竜類の一員として、「獣弓類」が登場した。獣弓類こそ、のちに哺乳類を生むことになるグループである。スフェナコドン類たちと入れ替わるように生態系の上位に君臨し、スフェナコドン類よりもはるかに繁栄し、その化石は南極を含むすべての大陸から発見されている。

もっとも、多くの動物がそうであるように、「はじめから成功者」というわけではなかった。

多くの資料で「最古の獣弓類」として紹介されているのは、「**テトラケラトプス**（*Tetraceratops*）」である 3-14。

「○○ケラトプス」という名前から「トリケラトプス（*Triceratops*）」を連想する読者もいるかもしれない。

実際、インターネットで「Tetraceratops」と筆者が検索したとき、検索エンジンでさえ、「もしかして、Triceratops」と表示したほどである。

「Triceratops」、カタカナで「トリケラトプス」と書くこの動物は、3本のツノと大きなフリルを特徴とする四足歩行の恐竜類である。

しかし、そもそも「ケラトプス（-ceratops）」という言葉には、恐竜類どころか爬虫類を連想させる意味さえ含まれていない。「ケラトプス（-ceratops）」は、「ツノ」を意味する「cerato」と、「顔」を意味する「ops」に由来する言葉だ。トリケラトプスの場合、「トリ（Tri-）」には「3」という意味があるので、「Triceratops」で「3本のツノのある顔」を意味する。

3-14 テトラケラトプス。鼻孔の上に2つ、眼窩の前に2つ、合計4つの小さな突起がある。

では、「テトラケラトプス（Tetraceratops）」の場合は？

「テトラ（Tetra-）」は「4」という意味である。つまり、「4本のツノのある顔」となる。テトラケラトプスの頭部を見ると、眼窩の前に2本、鼻孔の上に2本、「ツノ」というには少し慎ましい〝小さな突起〟がある。

もっとも、この突起を除けば、テトラケラトプスの顔つきは、スフェナコドン類と似ている。例えば、ディメトロドンの吻部をぎゅっと縮めて寸詰まりにし、4本の小さな〝ツノ〟を足す。そんな頭部である。口の中を見ると、スフェナコドン類がもっていた原始的な異歯性をテトラケラトプスにも確認することができる。

頭骨のサイズは、長さ約9センチメートル、幅は後頭部で5センチメートル弱、吻部先端で2センチメートルほどだ。手のひらに収まるほど小さなものである。

筆者が調べた限りでは、テトラケラトプスの標本は、この頭骨だけだ。全身と全長については不明である。しかし、近縁とされる原始的な獣弓類を参考に推測すると、おそらく全長50～60センチメートルだっただろう。ちなみに、その唯一の化石は、テキサス州から発見されている。

ペルム紀の獣弓類には、第1章第2節で紹介したイノストランケヴィアが分類されている。ペルム紀最末期に登場したイノストランケヴィアは、全長3メートルを超える「時代を代表する大型種」で〝覇者級〟だった。そんなグループも、最初は、小型犬ほどのサイズからスタートしたのだ。

第5節

先駆者たる両生類は、寒冷下でも栄え続ける

生命史において、最初に陸上生活を始めた脊椎動物は、両生類だった。先駆者たる彼らは、「先駆」であることのアドバンテージを生かし、その版図を各地に広げていた。

ただし、「両生類」という言葉から、カエルやイモリの仲間を想像すると誤りとなる。

現在の地球で見ることのできる三つの両生類グループ――カエルの仲間の「無尾類」、イモリの仲間の「有尾類」、そして、アシナシイモリの仲間の「無足類」は、ペルム紀にはまだ登場していないし、ペルム紀に栄えた両生類と祖先・子孫の関係があるわけでもない。

現生の3グループはまとめて「平滑両生類」といわれ、両生類という大分類群を構成する複数のグループの一つだ。第1章で紹介したエリオプスの属する「分椎類」、ディプロカウルスの属する「空椎類」など、かつての両生類には多くのグループが存在した。平滑両生類は両生類の中では後発で、そして唯一の生き残りである。なお、研究者の間では、「平滑両生類以外を両生類と呼ぶべきではない」との見方もある。

3-15 ディアデクテス。ディアデクテス形類の代表種。四足動物として、最初期の“植物食特化型”。

さて、本書ではシスウラリアンの両生類として、覇者級のエリオプスと、中位者でキュートなディプロカウルスをすでに紹介した。本節では、この2種に加えて、シスウラリアンの両生類の多様性を物語る4種類を紹介しておきたい。

まずは、アメリカのテキサス州やオクラホマ州、ニューメキシコ州、コロラド州、そしてドイツから化石が発見されている「**ディアデクテス**（*Diadectes*）」だ 3-15。「ディアデクテス形類」というグループの代表である。

ディアデクテスは、エリオプスとはちがった意味の「どっしり型」である。全長は、エリオプスとほぼ同等の3メートル。ただし、エリオプスほど頭部は大きくなかった。がっしりとした骨格で、四肢は短くて太い。胴体はまるで樽（たる）のようだ。

最大の特徴は、口の中にあった。口先には鉛筆のような形状の歯が並び、奥には左右に幅広でまるで臼歯（きゅうし）のような形の歯が並ぶ。つまり、両生類ながらも、異歯性があるのだ。

そして、この形状は、肉食性のそれではない。鉛筆のような形の歯は、熊手（くまで）のように使うことで植物の葉を鋤くことに向いていた。また、〝臼歯〟は繊維質の多いものをすりつぶすことに適している。そして、樽のような胴体には、長い腸が入っていたとみられている。

そう、このからだのつくりは、植物食に向いている。つまり、ディアデクテスは、本章第2節のカセア類と並ぶ〝植物食特化型四足動物〟の最初期の種なのである。

もっとも、カセア類とはちがって、植物食がディアデクテス形類のグループ全体としての特徴だったわけではないようだ。

例えば、アメリカのコロラド州とニューメキシコ州から化石が発見された「**リムノスケリス**（*Limnoscelis*）」3-16は、全長は2メートルほどで、がっしりとした四肢、長い吻部を特徴としている。その顔つきはまるでオオカミのようで、口には鋭い歯が並んでいた。つまり、肉食性だった。

ディアデクテスとリムノスケリスが分類されるディアデクテス形

3-16 リムノスケリス。ディアデクテス形類の一つ。肉食性。

類は、両生類の中で「有羊膜類(ゆうようまくるい)に近いグループ」とされる。

有羊膜類とは、文字通り「羊膜」をもつグループだ。羊膜は、胚(はい)と羊水(ようすい)を包む膜であり、羊膜をもつ卵は、「殻」が発達している。つまり、簡単にいえば、殻のある卵を産む四足動物が「有羊膜類」である。現生種では、「爬虫類」「鳥類」「哺乳類」がこれに含まれる。「ん？　哺乳類で卵？」と思われた方もいるかもしれないが、現生哺乳類の特徴の一つとされる「胎生(たいせい)」は、哺乳類がその進化の過程で獲得したものだ。初期の哺乳類は、卵で繁殖していたとみられている。

現生の有羊膜類の3グループのうち、鳥類と哺乳類はペルム紀には登場していない。しかし、鳥類は恐竜類の生き残りで、恐竜類は爬虫類を構成するグループの一つである。その爬虫類は「竜弓類(りゅうきゅうるい)」と呼ばれるグループに、絶滅した近縁のグループとともに属している。そして、すでにみてきたように、哺乳類は単弓類に属している。

つまり、有羊膜類に近縁ということは、竜弓類と単弓類に近いということを示唆している。実際、1979年に刊行された鹿間時夫の『古脊椎動物図鑑』（朝倉書店）では、ディアデクテスを有羊膜類である「爬虫類」に分類しているほどである。それほどまでに、ディアデクテスは、爬虫類（正確には、この場合は有羊膜類）に似ているのだ。

エリオプスと同じ分椎類からも、多様性の象徴のような両生類を二つ紹介しておきたい。

一つは、「**カコプス**（*Cacops*）」だ 3-17。化石は、アメリカのテキサス州などから報告がある。

3-17 カコプス。分椎類。背に骨の板が並ぶ。

全長40センチメートルほどのずんぐりとしたそのからだは、どことなく「エリオプスの小型版」といった雰囲気がある。四肢は発達し、からだを持ち上げて歩くことができたとみられている。

カコプスの注目点は、背にある。背骨の上を（背中全体を、ではない）骨の板が覆っているのだ。背中を骨の板で防御した両生類。それが、カコプスなのである。ペルム紀の動物で、ここまでの〝防御用装備〟をもつものは珍しい。

もう一つは、「**プラティヒストリクス**（*Platyhystrix*）」である **3-18**。化石はテキサス州の他、カンザス州など各地から発見されている。

全長1メートルほどのこの分椎類は、からだの形そのものはカコプスに近いとされる。ただし、背骨の棘突起が高く伸びていた。そしてこの棘突起を「芯」として、帆を張っていたとみられている。

そう、ディメトロドンやエダフォサウルスと同じ〝帆〟だ。

ペルム紀の〝帆〟は、単弓類の専売特許ではなかった。その〝証人〟こそが、プラティヒストリクスである。

もっとも、同じ〝棘突起の芯〟であっても、その形は細長く伸びていたディメトロドンのそれとはちがう。プラティヒストリクスの棘突起は、前後方向に幅のある板なのだ。その意味では、エダフォサウルスの棘突起に近いといえるかもしれない。

しかし、プラティヒストリクスの〝板〟は、エダフォサウルスのそれよりもさらに幅広であり、そして、エダフォサウルスのような水平方向に伸びる小突起はなかった。ただし、完全にツルツルの板というわけではなく、細かくて不規則な凸凹はあった。この幅広の板の役割は、謎に包まれている。

エリオプスのような〝最強種〟がいれば、ディプロカウルスのような水棲種や、ディアデクテスのような植物食種、カコプスのような鎧(よろい)をもつ種、プラティヒストリクスのような帆をもつ種などもいた。

シスウラリアンの両生類は、その歴史の中で有数の華やかな時代を迎えていたのである。

3-18 プラティヒストリクス。"帆"をもつ分椎類。"帆"が単弓類の専売特許ではなかったことを示す。

第6節 爬虫類は分水嶺に立つ

進化の歴史をみると、単弓類とは別系統の有羊膜類として竜弓類が登場し、そして、その竜弓類の中に爬虫類が生まれた。

シスウラリアン当時、爬虫類には二つの系統が存在した。

一つは、爬虫類というよりも有羊膜類として、最初に〝水に回帰〟したとされる「メソサウルス類」や、爬虫類でありながらも哺乳類のような歯をもつ「ボロサウルス類」などで構成される系統である。

メソサウルス類は、「メソサウルス（*Mesosaurus*）」に代表される小さなグループで、基本的には細身の爬虫類で構成される。長い首、長い**から**だ、上下に幅広で平たい尾を特徴とする。全長は、大きくても2メートルといったところだ。

3-19 メソサウルス。湖沼に生息する。「超大陸パンゲア」の存在を示す証拠の一つとして挙げられることが多い。

代表である**メソサウルス**3-19は、50センチメートルから1メートルほどのからだをもち、頭部も細長く、上下の顎には鋭い歯が並び、手足はひれ足に近かった。いずれも、水中を泳ぎまわり、サカナなどを狩ることに適した特徴である。実際、メソサウルスの化石は、湖沼(こしょう)でつくられた地層から発見されることが多い。

2012年に共和国大学（ウルグアイ）のグラシエラ・ピニェイたちが発表した研究によると、メソサウルスは現生哺乳類のような胎生であったか、あるいは、卵生だったとしてもその殻は薄く、そして、産卵後すぐに孵(かえ)るレベルまで母体内で育っていた可能性があるという。

また、2020年にライプニッツ協会進化・生物多様性研究所（ドイツ）のマーク・J・マクドゥーガルたちは、メソサウルスを含むメソサウルス類の尾は「自切(じせつ)」ができた可能性があると指摘した。いわゆる「トカゲのしっぽ切り」ができたというのだ。

もっとも、マクドゥーガルたちの研究によると、メソサウルス類が暮らしていた湖沼には、メソサウルスたちを襲うような大型の捕食者はいなかったという。そのため、メソサウルス類の〝自切メカニズム〟は使用されなかったのではないか、とマクドゥーガルたちは述べている。実際、発見されている化石には、〝自切メカニズム〟を使用した痕跡は確認されていないそうだ。曰く、祖先種の段階で〝自切メカニズム〟を獲得し、その機能を備えていたものの、進化の過程で使わなくなったのではないか、とのことである。

ちなみにメソサウルスの化石は、ブラジルやウルグアイなどの南米大陸で発見される一方で、アフリカ大陸最南端の南アフリカからも報告がある。湖沼に棲むメソサウルスには大洋を渡る能力はなく、大西洋を隔てた2か所から化石が発見されたことは、かつての地球に超大陸パンゲアがあったことの証明となった。地続きだったからこそ、淡水種であるメソサウルスも河川を通じての移動が可能であり、広い範囲に生息できた、というわけである。

そんなメソサウルス類と近縁とされるボロサウルス類は、ドイツから化石が発見されている「ユウディバムス（*Eudibamus*）」に代表される。

ユウディバムス 3-20 は全長30センチメートルほどのスレンダーな爬虫類で、メソサウルス類とはちがって首は短く、骨格は全体的に軽くつくられていた。

ポイントは四肢の長さである。

ユウディバムスの後ろ脚は、前脚の約2倍の長さがあったのだ。そして、足も大きかった。こうした特徴から、ユウディバムスは後ろ脚だけで歩く「二足歩行」をしていたとみられている。のちの時代に大繁栄する肉食恐竜たちと同じである。四足動物の歴史の中で、「最も早く二足歩行を行った四足動物」。そのタイトルホルダーの有力候補こそが、ユウディバムスなのだ。長い尾を上手に使ってバランスをとりながら、ペルム紀の地上を歩きまわっていたのかもしれない。

メソサウルス類やボロサウルス類とは別の系統として進化を始めたのは、「カプトリヌス類」と呼ばれるグループとその近縁の仲間たちの系統だ。

カプトリヌス類は全長40センチメートルほどの「**カプトリヌス**（*Captorhinus*）」を代表とするグループで、その見た目は、「広い後頭部をもつトカゲ」といったところ 3-21。専門書などでは、広い後頭部を「ハート型」と形容していることもある。確かに、頑張って見れば、

3-20 ユウディバムス。「最も早く二足歩行を行った四足動物」のタイトルホルダー有力候補。

3-21 カプトリヌス。後頭部が広い。「ハート型」と形容されることもあるが……こうして肉付きで復元されると（より）わからない。

「ハート型」に見えなくもない、という形状だ。その広い後頭部には、大きな脳が入っていた。

2018年に、トロント大学（カナダ）のA・R・H・ルブランたちが発表した研究によると、カプトリヌス類も、メソサウルス類と同じように尾の「自切」ができたらしい。しかも、メソサウルス類とはちがって、そのメカニズムを実際に使っていたようだ。ルブランたちは、カプトリヌス類が単弓類などに襲われていた可能性を指摘している。

カプトリヌス類は、代表種であるカプトリヌスこそ化石の産地はアメリカとザンビアに限定されているものの、カプトリヌス類の他の種の化石は、アメリカとザンビア以外にもポーランドやイギリスといったヨーロッパ諸国や、モロッコ、ニジェールなどのアフリカ、中国、インドなどのアジアから発見されている。ちなみに、この繁栄に〝自切メカニズム〟がどのくらい寄与（きよ）したのかはわかっていない。

3-22 ラビドサウリコス。大型のカプトリヌス類。

なお、すべてのカプトリヌス類が小型であったというわけではない。中には頭骨だけで長さが40センチメートルを超えた「**ラビドサウリコス**（*Labidosaurikos*）」も報告されている 3-22。多くのカプトリヌス類は肉食性とみられているが、ラビドサウリコスは上下の顎を前後に動かして植物を効率的に破砕することができたと考えられている。

3-23 アフェロサウルス。樹上生活をしていたとされる。最古級の双弓類。

カプトリヌス類に近縁で、より進化的な爬虫類とされるグループに属する「**アフェロサウルス**（*Aphelosaurus*）」も紹介しておこう 3-23。

アフェロサウルスは全長50センチメートルほどで、全体としては「華奢なトカゲ」といった印象である。四肢は長く、その先端には鋭い鉤爪があった。後ろ脚が前脚よりもわずかに長いため、あるいは二足歩行ができたかもしれない。ただし、ユウディバムスのような〝常時二足歩行〟ではなく、一時的なものだったとされている。なお、「一時的な二足歩行さえできなかった」との見方もある。むしろ、鉤爪を使って、樹上生活をしていたのではないか、ともされている。

そんなアフェロサウルスは、「双弓類」というグループにおいて、最古級の存在である。

「メソサウルス類やボロサウルス類などの系統」と「カプトリヌス類や双弓類などの系統」は、互いに独立した系統で、爬虫類の中で別の歴史を紡いでいく。

このうち、ペルム紀を通じて繁栄したのは前者の系統で、まとめて「側爬虫類」という。一方、カプトリヌス類や双弓類は、まとめて「真爬虫類」と呼ばれている。

このグループ名が示唆するように、爬虫類の〝主流〟は、カプトリヌスたちの方だ。メソサウルスたちが属する側爬虫類は、ペルム紀に大いに栄えたものの、中生代に入ってしばらくすると消失する。一方、真爬虫類はグアダルピアン以降に多様性を増していく。とくにアフェロサウルスが属する「双弓類」と呼ばれるグループは、中生代以降の爬虫類の中核となる。現代でいえば、爬虫類とは真爬虫類のことだし、双弓類のことである。

爬虫類はペルム紀に分水嶺を迎えていたのだ。もしも、メソサウルス類などの系統がペルム紀の栄華のまま生き残れば、そちらが「真」を冠することになっただろうが……、なんとも歴史はわからないものである。

第7節

螺旋の歯の使い道

本書では、舞台の中心を「陸」に置いている。これまでの〝登場人物〟のほとんどは陸棲動物だし、これからの〝登場人物〟も陸棲動物が主体となる。

もちろん、ペルム紀の水中世界が紹介に値しない、というわけで決してない。古生代の最末期の水中に注目すれば、それはそれで、それなりの文章量になるだろう。また、どこかの機会で彼らのことも紹介したい。しかし、本書の舞台の中心は陸にある。

ただし、いくら「舞台の中心は陸」としていても、無視できない海棲動物もいくつかいる。シスウラリアンに注目した本章では、そんな海棲動物の一つとして、あるサカナを挙げておきたい。

そのサカナの名は、「**ヘリコプリオン**（*Helicoprion*）」である 3-24。

ヘリコプリオンは、歯の化石がよく知られている。

最初にその化石が報告されたのは、19世紀末のことだ。

その化石は、ロシアに分布するシスウラリアンの半ばの地層から発見された標本だった。

その後、アメリカやカナダなどからも相次いで化石が発見され、最も新しいものは、ペルム紀を3分割する最後の時代——ローピンジアンの前半の地層からの報告がある。どうやらペルム紀を通じて、ヘリコプリオンは世界各地の海を泳いでいたようだ。ちなみに、日本でも群馬県と宮城県から化石の報告がある。ともに、ペルム紀の2番目の時代であるグアダルピアンのものだ。

ヘリコプリオンは歯の化石が知られている……のだが、その歯が問題だった。

螺旋（らせん）を描いて配置されているのである。

先端が鋭利（えいり）な木の葉型の歯が渦を巻くように並んでいる。個々の歯の大きさは、内側ほど小さく、外側ほど大きい。螺旋の最大長径は、大きなものでは20センチメートルを超える。構成される歯の数は100個を超え、渦巻きは4周にもなった。

なんとも珍妙（ちんみょう）な歯である。

3-24 ヘリコプリオン。口絵8ページの写真で紹介した螺旋型の歯のもち主。

そのため、発見から1世紀以上も、大きな議論を呼んできた。「歯である」という見方が主体的であったけれども、「実は背びれの一部」とされたこともあれば、「尾びれの一部」とされたことも「舌の一部」とされたこともある。「歯である」としても、「上顎の先端につく」とされたこともあれば、「垂れ下がった下顎の先端につく」とされたこともある。まさに議論百出だった。

2013年、アイダホ州立大学（アメリカ）のレイフ・タパニラたちによって、そんなヘリコプリオンの正体に迫る論文が発表された。タパニラたちがアイダホ州で発見された標本をCTスキャンで分析したところ、それまで歯しかないと思われていた標本の母岩（ぼがん）に、上顎と下顎の痕跡が残されていることが明らかになったのだ。

タパニラたちは、CTスキャンのデータをもとにコンピューター上でヘリコプリオンの顎を復元した。すると、その歯は下顎の中軸線に沿って配置されていたことがわかったのである。つまり、ヘリコプリオンが口を開けると、その中央に歯が1列に並んでいたというわけだ。その歯の列は、手前ほど低く、奥に向かってしだいに高くなり、そしてある程度まで奥にいくと、再び低くなっていく。そして、螺旋の大部分は下顎の中に〝埋まっている〟という具合である。ちなみに、上顎に歯はない。

このとき、ヘリコプリオンの属する分類群も指摘された。もともと、歯の形状から軟骨魚類とみられていたが、それ以上の分類がなされていなかった。軟骨魚類には、「板鰓類（ばんさいるい）（サメの仲間）」と「全頭類（ぜんとうるい）（ギンザメの仲間）」がある。この研究では、ヘリコプリオンが後者に属する可能性が高いとされた。

ヘリコプリオンの珍妙な配置の珍妙な歯は、何に役立ったのだろうか？

タパニラたちは、2020年に発表した論文で、ヘリコプリオンの歯の役割についても説明している。この論文では、ヘリコプリオンの歯の角度や顎の動きを分析し、その口は頭足類の軟体部を引き抜くことに適していたと指摘したのだ。

頭足類とは、現生の動物でいえば、タコやイカ、オウムガイの仲間だ。化石種では、アンモナイト類などが有名である。ペルム紀当時、アンモナイト類そのものはまだ出現していないけれども、その祖先種を含む、よく似た殻をもつアンモノイド類は隆盛していた。

タパニラたちの分析によると、ヘリコプリオンがアンモノイド類の殻から出た軟体部を咥えることさえできれば、その後は自然に殻から引き出すことができたという。そして、軟体部だけを食することができたとまとめている。

一見しただけでは珍妙にみえるその構造も、当然のことながら、何かの意味がある。そんなことがわかる好例といえるのかもしれない。

第4章 ペルム紀後半の世界

～温暖化の中で栄えた愛らしい動物たち～

ペルム紀の約４６００万年間は、「シスウラリアン」「グアダルピアン」「ローピンジアン」という三つの時代に分かれている。このうち、シスウラリアンはペルム紀の前半期に相当し、グアダルピアンとローピンジアンで後半期を構成する。この後半期２１００万年間の6割強はグアダルピアンで、ローピンジアンは８００万年間ほどだ。

グアダルピアン以降、世界は急速に暖かくなっていった。

２０２１年にノースウエスタン大学（アメリカ）のクリストファー・R・スコテーゼたちが発表した研究によると、グアダルピアンが始まった時点の地球の平均気温は、現在とほぼ同じ約15℃だった。その後、グアダルピアンが終わるときには約18℃にまで上昇した。この段階で、パンゲアの内部にあった大規模な氷床はすべて溶けていたとみられている。石炭紀以降、数千万年にわたって続いてきた寒冷な時代が終焉を迎えたのだ。

温暖化はその後も止まることを知らず、ローピンジアンの末期、つまり、ペルム紀の最末期には、地球の平均気温は30℃を上回っていたという。

この温暖化は、もちろん、動物たちにも大きな影響を与えた。

第1節　そのとき、何があったのか？

ペルム紀の前半期と後半期の陸上生態系を比較すると、影響は一目瞭然だ。

生態系の〝最上位層〟の交代が行われたのである。

シスウラリアンの陸上世界で覇を唱えていたのは、〝盤竜類〟だった。とくに、大きなからだとがっしりとした顎、鋭い歯をもつディメトロドンに象徴される真盤竜類は、その繁栄の中核にあった。

しかし、彼らの多くはシスウラリアンとグアダルピアンの境界を超えることはできず、このグループは壊滅的といえる状態に陥った。

ただし、この凋落は〝盤竜類〟が属する単弓類全体におよんだわけではない。単弓類は、両生類や竜弓類に地位を渡すことなく、覇者の座を維持し続けた。

新たに台頭したのは、シスウラリアンに真盤竜類の1グループとして登場した獣弓類である。その意味では、獣弓類以外の真盤竜類が衰退したともいえる。第1章で紹介した古生物を使って表現するならば、ディメトロドンの仲間の時代が終わり、イノストランケヴィアの仲間の時代が始まったのである。

単弓類内におけるこの〝革命〟は、突然の事件だったのだろうか？

それとも、「ディメトロドンの仲間」と「イノストランケヴィアの仲間」は、同時代に共存し、〝支配権〟はゆっくりと移行していったのだろうか？

この謎を解くにあたり、〝厄介な問題〟が一つある。

第3章でみてきたように、〝盤竜類〟の化石の多くは、アメリカで発見されている。ディメトロドン然り、エダフォサウルス然り、だ。

一方、獣弓類の化石は、「最初期の獣弓類」であるテトラケラトプスの化石こそアメリカ産だけれども、その後に繁栄した多くの種の化石は、南アフリカとロシアの産である。

つまり、一見して〝革命〟があったようにみえても、その地域が別なのだ。時間的に連続しているかどうかもわからない。

世界的な傾向として、〝盤竜類〟から獣弓類へ、生態系の〝支配層〟が移行したことは確からしい。なにしろ、ロシアと南アフリカのグアダルピアンの地層から産出する化石に、獣弓類の台頭がはっきりと確認できる。当時、ロシアはパンゲアの北にあり、南アフリカはパンゲアの南にあった。パンゲアの中央部でも、同じことが起きていたと考えるのが自然だろう。しかし、この移行期の様子がよくわからないのだ。

原因は、ペルム紀の地層の偏りにある。シスウラリアンの地層はアメリカに多く残っていて、グアダルピアンとローピンジアンの地層は南アフリカとロシアに多く残っている。アメリカには、グアダルピアンの〝めぼしい地層〟はなく、南アフリカとロシアには、シスウラリアンの〝めぼしい地層〟がない。もちろん、地層がなければ、化石も産出しない。

そして、同じ地域の地層ではないため、時間の連続性も不確かとなっている。「アメリカの〝盤竜類政権〟」から「南アフリカやロシアの〝獣弓類政権〟」への移行は、どのように行われたのだろうか？

2001年、ニューメキシコ自然史科学博物館（アメリカ）のスペンサー・G・ルーカスと、ニューメキシコ大学（アメリカ）のアンドリュー・B・ヘッカートは、アメリカの〝盤竜類〟の歴史の終焉を記録した地層と、南アフリカとロシアの獣弓類の歴史のはじまりを記録した地層の間には、「時間的な空隙（くうげき）」があると指摘した。そして、この「時間的な空隙」に対して、ペルム紀の古生物に関する業績を残した20世紀の古生物学者、エヴァレット・C・オルソンにちなんで「オルソンのギャップ（Orson's gap）」という名称を与えた。

オルソンのギャップは、「〝移行期〟の歴史は謎に包まれており、〝盤竜類〟から獣弓類への移行についても詳細不明である」という見方でもある。ひょっとしたら、〝盤竜類〟と獣弓類のどちらでもない

〝第3のグループ〟が刹那（せつな）的に覇権（はけん）を握った可能性さえ、否定しきれない。

ルーカスは2004年と2005年にも、この「オルソンのギャップ説」を補強する論文を発表した。この論文で、オルソンのギャップの期間がおよそ200万年間におよぶことを指摘し、単弓類の進化を明らかにするためにはこのギャップの間につくられた地層を探し、詳しく調べる必要があると

述べた。

ただし、この仮説には、異論も少なくない。

2005年にロシア地質調査所のヴラッドレン・R・ロゾフスキーは、ロシアにも〝盤竜類〟が栄えたシスウラリアンの地層があることを指摘した。つまり、ロシアにはシスウラリアンからグアダルピアンに至る地層が存在し、その間に「時間的な空隙」はないという。そして、その地層では、〝盤竜類政権〟から〝獣弓類政権〟への速やかな移行が確認できるというのだ。

また、アメリカのシスウラリアンの地層に、ロシアのグアダルピアンの両生類の近縁種が確認できることもロゾフスキーは指摘している。このことは、支配層以外の移行はシスウラリアンにすでに始まっており、二つの時代の生態系に「時間的な空隙」はないことを示唆している。

そして、ロシアとアメリカに近縁種が存在することから、パンゲアの北部と中央部の間に動物たちの交流があったこともロゾフスキーは指摘した。こうした交流によって、〝盤竜類〟から獣弓類への覇権の移行は、世界的に連続的に行われた可能性もあるという。この交流は、「オルソンの架け橋(Orson's bridge)」と名付けられている。

2008年には、ブリストル大学（イギリス）のサルダ・サーニーとマイケル・J・ベントンが世界中の脊椎動物のデータを集計し、シスウラリアンからグアダルピアンにかけて四足動物の多様性が世界的に急激に減少し、その後、急回復したことを指摘した。サーニーとベントンは、この急激な減少を「オルソンの絶滅（Orson's extinction）」と呼び、この絶滅によって〝盤竜類〟が握っていた覇権は、速やかに獣弓類に継承されたとしている。つまり、サーニーとベントンの研究も、オルソンのギャップが存在しないことを示したのだ。

さらに、オルソンの絶滅に関して、２０２０年にもオックスフォード大学（イギリス）のネイル・ブロックハーストが統計学の手法を用いた検証を行っている。この分析の結果は、オルソンの絶滅の存在を支持するものだった。つまり、こちらもオルソンのギャップを否定している。

多くの研究は、オルソンのギャップが示唆するような「時間的な空隙」は存在しなかったということを示している。現在では、オルソンのギャップは存在せず、〝盤竜類〟の衰退後、すぐに〝獣弓類の時代〟がやってきたとの見方が強い。

第2節

謎に包まれた〝王の後継〟の仲間たち

グアダルピアンとローピンジアン。この二つの時代の獣弓類の繁栄を象徴するグループが、「ゴルゴノプス類」である。

ギリシア神話に登場する怪物「ゴルゴン」にちなむ名前をもつグループだ。この字面（じづら）を見るだけでも、ただものではない感が伝わってくる。

ゴルゴノプス類には、第1章で〝狩人の後継〟として紹介したイノストランケヴィアのような3メートル超級の大型種がいる。一方、小型犬サイズの種も報告されており、グループ内のサイズは、多様性に富む。

サイズは多様性に富むけれども、実は姿には、種によるちがいはあまりない。ある意味で、ペルム紀の狩人として、彼らの姿は〝完成〟していたともいえる。

ゴルゴノプス類の特徴は、頭部に集中している。首から後ろのつくりはシ

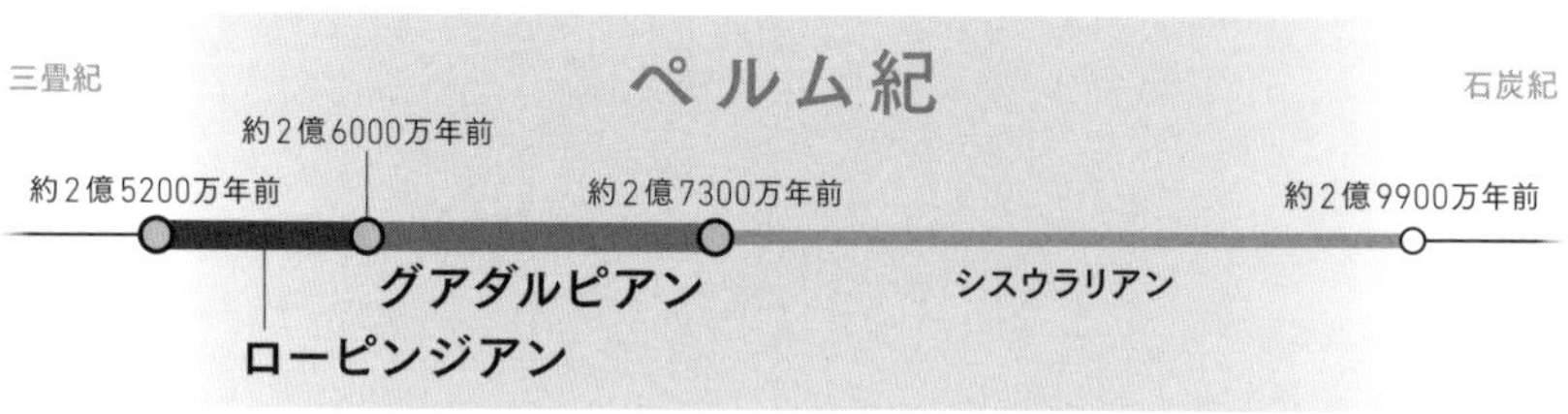

ンプルで、ディメトロドンたちがもっていた帆や、カコプスのような骨の板は備えていない。強いて言えば、ゴルゴノプス類は、真盤竜類に比べるとスマートだ。四肢（しし）は長く、ほっそりとしており、からだをしっかりと持ち上げて、素早く移動することができた。なお、少なくとも一部の種では、前脚（あし）は肘（ひじ）を張って歩き、後ろ脚はほぼまっすぐ下へ伸びていたのではないか、とみられている。

頭部こそが、ゴルゴノプス類を特徴付ける。すなわち、前後に長く、鼻梁（びりょう）から頭頂部にかけては極めて平坦。異歯性（いしせい）はどの真盤竜類よりも強く、門歯、犬歯、そして、奥歯で構成されている。門歯は、上顎に5本、下顎に4本が基準。獲物の肉をついばむことに適していた。犬歯は上下ともに太く、長く、鋭く発達している。少なくとも一部のゴルゴノプス類は、この犬歯を十分に生かすために、下顎を90度まで開くことができたとされる。一方で、奥歯は、「臼歯（きゅうし）」と呼べるほどには発達していない。むしろ、奥歯の主張は弱い。数も少なく、数本の小さな歯が犬歯から少し離れた位置に並ぶ程度である。

大きな犬歯という特徴から、のちの世に登場する〝サーベルタイガー〟を連想した人もいるだろう。しかし、その使い道はかなりちがったようだ。

一般に〝サーベルタイガー〟と通称される絶滅したネコ類は、長い犬歯をもっていたことで知られる。ただし、その長い犬歯はメインの武器ではない。彼らは、強力な前脚を使って戦っていたとみられている。いわゆる「猫パンチ」によって獲物にダメージを与えたのちに、長い犬歯でトドメを刺していたようだ。

ゴルゴノプス類の犬歯について、バーミンガム大学（イギリス）のステファン・ラウテンシュラガーたちが、その使い方を分析した研究を２０２０年に発表した。コンピューターを用いた力学的な計算の結果、多くのゴルゴノプス類が、獲物を狩るときのメインの武器として犬歯を使っていた可能性があるという。〝サーベルタイガー〟のように、前脚を「猫パンチ（ゴルゴノプス・パンチ）」に使うことはなかったようだ。

また、一部のゴルゴノプス類では90度まで開くことができたとされる顎も、多くのゴルゴノプス類では開く角度は60度未満であり、その口のサイズから大きな獲物を襲うことには向いていなかったという。そして、顎の動きは、同じ単弓類である哺乳類（ほにゅうるい）よりも、爬虫類（はちゅうるい）のワニ類に似ていることも指摘された。彼らの口は、「強力」かつ「速やかに閉じること」に適していたのである。

なお、ラウテンシュラガーたちは、自分たちのこの分析結果が「偏っている可能性」も添えている。彼らの分析対象は、大型種を中心としたものであるため、小型種のデータがなく、ゴルゴノプス類全体に適用できるものかどうか、わからないとのことだ。

さらに、同じ２０２０年に、ハーバード大学（アメリカ）のM・R・ホイットニーたちが発表した研究によって、ゴルゴノプス類の犬歯に鋸歯（きょし）があり、その鋸歯は象牙質（ぞうげ）とエナメル質で構成されているなどの特徴があることがわかった。この組織の構成は、エナメル質で構成されている〝サーベルタイガー〟の鋸歯よりも、肉食恐竜の鋸歯に似ているという。なお、第1章で紹介したディメトロドンの鋸歯も、象牙質とエナメル質でつくられている。

そして、ゴルゴノプス類の鋸歯のつくりは、恐竜類のそれと同様に複雑であり、強度などがディメトロドンの鋸歯よりも優秀であるという。こうした性能の差について、ディメトロドンたちは、頻繁な歯の交換で補っていたのではないか、ともホイットニーたちは指摘している。強度を数で補うわけだ。その意味で、ゴルゴノプス類の歯の交換頻度は、ディメトロドンたちほどではなかったようである。

ホイットニーたちは、犬歯の役割のちがいにも言及している。〝サーベルタイガー〟の犬歯は〝トドメ専用〟であることに対し、ゴルゴノプス類の犬歯は、恐竜類の歯のように獲物の肉に「刺して、引っ張る」ことができたという。こうして嚙み切った獲物の肉を、ゴルゴノプス類はほぼ丸呑みにしていたようだ。

ゴルゴノプス類については、「何を食べていたか」だけではなく、「何を〝出して〟いたか」という論文もある。〝出して〟いたもの、つまり、「うんこ」に関する研究だ。

一般的に、化石として残りやすいのは、骨や殻などの硬いものだ。筋肉や内臓といったやわらかいものは化石として残りにくい。「うんこ」も、もちろん化石に残りにくい。

しかし、要は数と確率の話である。数が多ければ、いかに〝残りにくいもの〟であっても、化石になるものが出てくる。その点、動物1個体が生涯に排泄するうんこの量は、実に膨大である。そのため、仮にほとんどのうんこが化石になる前に消えたとしても、残りのわずかなうんこが化石として残るのだ。こうしたうんこの化石は、とくに「コプロライト」と呼ばれている。

２０１１年にイジコ・南アフリカ博物館のロジャー・M・H・スミスと、南アフリカ国立博物館のジェニファー・ボタ＝ブリンクは、南アフリカのカルー盆地に分布するペルム紀の後半の地層から、ゴルゴノプス類のものとみられるコプロライトを多数報告している。

通常、コプロライトは、その〝主〟を特定しにくい。

いったいどのような動物が、そのうんこを排泄したのか？

現生動物であれば、その排泄の瞬間を観察すれば明らかだ。しかし、古生物ではそれを望めない。

そこで研究者たちは、さまざまな手がかりから、コプロライトの〝主〟を絞り込んでいく。

スミスとボタ＝ブリンクは、発見されたコプロライトの大きさに注目した。その大きさは、大きなものでは、10センチメートルを超えていた。なかなかの大きさである。うんこが大きいということは、〝主〟もそれなりの大きさと考えるのが妥当だろう。

形状は円筒形。両端は丸まっている。

この特徴は、現生のネコ類やイヌ類のものに似ている。もちろん、当時はネコ類もイヌ類も登場していない。この両グループに共通するのは、「肉食性」ということだ。

実際、こうしたコプロライトの中には、大きな骨片や関節したままの四肢が含まれていた。

10センチメートル超級のうんこ（骨片入り）を出す、それなりに大型の肉食動物。

このコプロライトが発見された地層からみつかる動物化石で該当するのは、ゴルゴノプス類だけである。

こうした証拠をもとに、スミスとボタ＝ブリンクは、このコプロライトの〝主〟を、ゴルゴノプス類と特定した。そして、発見されたコプロライトの中には、同じ形状でありながら小さいものもあった。これらは、ゴルゴノプス類の幼体（ようたい）のものではないか、と推測している。

なお、ゴルゴノプス類は二次口蓋（こうがい）が未発達だったことがかねてより指摘されている。「二次口蓋」は、鼻腔（びこう）と口腔（こうこう）を分ける壁だ。この壁があるおかげで、私たちは口で食物をゆっくり食べていても呼吸をすることができる。この壁がないと、口に食物がある間は呼吸がしにくい。必然的に、食物を丸呑みするしかない。口の中に食物がある時間を短くする必要がある。コプロライトの中に「関節したままの四肢」が発見されたことは、まさしく「噛み切って飲んだだけ」を示唆しているのかもしれない。

ゴルゴノプス類は、哺乳類と同じ単弓類ではあっても、哺乳類へとつながる系譜（けいふ）から外れたグループである。

２０１８年にノースカロライナ自然科学博物館（アメリカ）のクリスチャン・Ｆ・カンメラーとヴャトカ古生物学博物館（ロシア）のウラジミール・マシューチンがまとめたところによると、ゴルゴノプス類の進化は大きく三つの段階を経ているという。

最初に〝原始的なゴルゴノプス類〟が出現し、その後、ロシアの仲間たちと、アフリカの仲間たちに分かれた。

そして、アフリカの仲間たちの中に、「ルビジア類」と呼ばれるグループが出現する。ロシアの仲間も、アフリカの仲間も、もちろん、ルビジア類も、各地で生態系の頂点に君臨し、そして、ペルム紀末に姿を消した。

なお、念のために触れておくと、「ロシアの仲間」と「アフリカの仲間」は、共通の〝原始的なゴルゴノプス類〟から進化したとされるが、その共通祖先自体は謎に包まれている。また、ロシアとアフリカは、現在でも離れているけれども、当時も離れていた。ロシアは、パンゲアの北部にあり、アフリカはパンゲアの南部にあった。共通祖先が暮らしていた〝ゴルゴノプス類の故郷〟の場所も謎である。

本節では、カンメフーとマシューチンの2018年の研究を参考にしながら、5種類のゴルゴノプス類を紹介していこう。

まずは、「**ノクニッツァ**（*Nochnitsa*）」である **4-1**。ロシア、ウラル山脈の西にあるヴャトカ川の岸に分布するグアダルピアン最末期の地層から化石が発見された。カンメラーとマシューチンの2018年の研究においては、「ロシアの仲間」と「アフリカの仲間」のどちらにも属さない、最も原始的なゴルゴノプス類の一つとして位置付けられている。

発見されている化石は、長さ8・2センチメートルの頭骨と、右前脚などわずかな部位のみだ。全長値は不明ながらも、ヒトの手のひらに乗るほどの小さな頭骨から考えれば、ゴルゴノプス類としてはかなり小型だったといえる。

もっとも、小型であっても、前後に長く、鼻梁から頭頂部にかけては極めて平坦で、異歯性をもつというゴルゴノプス類の頭部の特徴はしっかりと確認できる。

一方で、歯や顎のつくりが弱く、他のゴルゴノプス類と比較すると〝弱々しい印象〟がある。もしも、現代にゴルゴノプス類が復活したとしても、イノストランケヴィアなどはとても個人で飼育することは無理だろう。しかし、ノクニッツァならばなんとかなるかもしれない。そんな〝かわいらしいゴルゴノプス類〟である。

次に、「**サウロクトヌス・プログレスス**（*Sauroctonus progressus*）」だ 4-2。カンメラーとマシューチンの2018年の研究では、「ロシアの仲間」に分類されている。実際、その化石は、ロシア連邦の一つであるタタール共和国のグアダルピアンとローピンジアンの境界付近の地層から発見されている。ただし、アフリカのタンザニアからも同じサウロクトヌス属で別種の「サウロクトヌス・パーリングトニ（*Sauroctonus parringtoni*）」が報告されている。「同属」であ

4-1 ノクニッツァ。同縮尺のリカエノプス（129ページ参照）をシルエットで示した。“かわいらしいゴルゴノプス類”が伝わるだろうか。

ることは、それだけ近縁であることを意味し、似ていることを意味している。実際のところ、「ロシアの仲間」と「アフリカの仲間」の2種が本当に同属であるかどうかは今後の研究次第ではあるが、「よく似た姿のゴルゴノプス類がロシアとアフリカにいた」ということに誤りはない。

ここで注目したいのは、「サウロクトヌス・プログレスス」の方だ。ロシアの種である。ノクニッツァと比較するとかなり大きな種であり、頭骨の長さは23センチメートル、全長は2メートル前後に達した。ただし、同じ「ロシアの仲間」であるイノストランケヴィアと比較すると、その全長は3分の2以下である。

ゴルゴノプス類の頭骨は、どの種もよく似ている。しかし実は、進化的な種類ほど犬歯が発達し、頭骨が高くなり、全体的にがっしりとする傾向がある。

その意味において、サウロクトヌスはまさに〝中

4-2 サウロクトヌス・プログレスス。ノクニッツァとイノストランケヴィア（31ページ参照）の“中間的な姿”をもつ。

4-3 リカエノプス。典型的なゴルゴノプス類の一つ。

間的な存在〟といえるのだ。つまり、ノクニッツァの頭骨ほどの〝雄々しさ〟はないものの、イノストランケヴィアほどの〝弱々しさ〟もない。

「**リカエノプス**（*Lycaenops*）」は、カンメラーとマシューチンの2018年の研究で「アフリカの仲間」に分類されているゴルゴノプス類だ 4-3。ただし、より進化的とされる「ルビジア類」には含まれない。全長は120センチメートルほど。ノクニッツァよりは大きいけれども、サウロクトヌス・プログレススよりは小さい。

リカエノプスの化石は、南アフリカ、ザンビア、タンザニアから発見されており、ローピンジアンの前半期に生息していたとみられている。ほぼ完全体の化石がみつかっていて、ゴルゴノプス類の全般的なイメージの構築に一役買ってきた。かねてよりこの化石に基づいた復元が知られており、鹿間時夫の『古脊椎動物図鑑』では「イヌのような食肉獣に似るが頭部が大きい。四肢は均整とれて快走したと思われ～」と描写されている。

ルビジア類は、「アフリカの仲間」を構成する進化的な一群だ。このグループには、ロシアのイノストランケヴィアと同サイズの大型種が含まれる。全体的に、先に挙げた「ロシアの仲間」よりも、がっしりとした体格のものが多い。四肢も頭部も、だ。

ルビジア類は、ローピンジアンを通じて栄え、ゴルゴノプス類の歴史の最後を飾った。リカエノプスと同じく、南アフリカ、ザンビア、タンザニアなどで化石が発見されており、とくに南アフリカにおいては、同じ時期の同じ地域に複数種のルビジア類がいたとみられている。カンメラーは2016年に発表した論文でその点に言及し、ルビジア類の中で何らかの棲み分けが行われていた可能性を指摘している。なお、カンメラーはこの論文で、それまで39種がいるとされていたルビジア類を、9種にまとめている。本書ではそんなルビジア類の中から、「アエルログナトゥス（*Aelurognathus*）」と「ルビジア（*Rubidgea*）」を紹介しておこう。

アエルログナトゥスは、ルビジア類の中では原始的とされ、南アフリカとザンビアから化石が発見されている 4-4。がっしりとした頭骨は吻部がやや長く、高さがあり、そして丸みを帯びていた。

頭骨を側面から見た印象は他のゴルゴノプス類と大差ないように感じるかもしれない。しかし、真上から見るとちがいがよくわかる。後方ほど頭骨に幅があるのだ。後頭部の幅は、吻部の2・7倍以上に達する。頭骨の長さは、大きなもので30～40センチメートル。全長は2メートル前後で、四肢にはどっしり感があった。

4-4 アエルログナトゥス。原始的なルビジア類の一つ。

アエルログナトゥスは、最も多くの標本が発見されているルビジア類の一つでもある。その中には、胃の内容物と思われるものが残っている標本もあった。２００９年、地球科学研究所（ドイツ）のマイケル・W・メイシュがその胃の内容物を調べたところ、同じ獣弓類の小型種の骨であることが明らかになった。もっとも、アエルログナトゥスが、この小型獣弓類を生きているうちに捕食したのか、それとも、死んでいたものを〝拾い食い〟したのかは、メイシュの分析では突き止めることができていない。

ただし、アエルログナトゥスが、屍肉を食べること自体はあったらしい。それを示唆する化石が報告されている。２０１２年、ケープタウン大学（南アフリカ）のニコラス・フォーダイスたちが報告した全長2メートル超の獣弓類の化石に、アエルログナトゥスのものとみられる歯が刺さっていたのだ。

ポイントは、この獣弓類の化石が「洪水によってできたと思われる場所に残っていた」という点だ。

そして、フォーダイスたちの分析によると、洪水によって流されてきたのちに、アエルログナトゥスが襲ったとみられるという。

この獣弓類の化石は、前半身の骨はほぼつながったままきれいに残っていたにもかかわらず、後半身の骨は散在していた。流される前に襲ったのであれば、後半身の骨が「散在」する可能性は低い。むしろ、洪水に流されて「消失」してしまうと考えるのが無難だろう。消失せずに、散在していたということは、その場所で〝食い散らかされた〟ことを示唆している。また、前半身がきれいに残っているということは、死後、さほど時間が経過していないことも物語っているという。

フォーダイスたちは、アエルログナトゥスがやわらかい下腹部を中心に食事を進めた可能性があるとみている。このとき、邪魔(じゃま)だった左の大腿骨(だいたいこつ)については噛み付いて取り除いたのかもしれない。少し離れたところに〝放置〟されていた左の大腿骨に、明瞭な歯形が残っているのだ。フォーダイスたちによると、こうした行動は、現生のリカオンなどにみることができるという。一方で、すべての骨にアエルログナトゥスが噛み砕いたとみられる痕跡(こんせき)はなかったことから、切歯と犬歯を上手に使って、筋肉や内臓を食していたことが示唆された。

フォーダイスたちの研究は、アエルログナトゥスが死体を器用に食べていた可能性に言及したものだ。

ただし、これは、アエルログナトゥスが屍肉食専門だったことを意味するものではない。

普段は狩りをする捕食者であっても、運良く新鮮な死体が手に入るのなら、それを食べることもあったかもしれないからだ。

いずれにしろ、メイシュの研究とフォーダイスたちの研究は、アエルログナトゥスが自身と同じ獣弓類を食事対象としていたことを物語っている。

ルビジア類の中でも、とくに進化的と位置付けられているのは、グループの代表種である**ルビジア**である 4-5。

ルビジアは、全長は約3メートル。イノストランケヴィア級の大型種である。アエルログナトゥスをよりがっしりさせた感じだ。長さ45センチメートルの頭骨は、後頭部がぐっと広くなり、吻部の3倍もの幅があった。ちなみに同サイズのイノストランケヴィアの後頭部は吻部の約2倍にとどまっている。大型のゴルゴノプス類として、ペルム紀最末期に君臨したこの2種類は、側面から見たときこそ似た風貌（ふうぼう）をしているけれども、正面

4-5 ルビジア。ルビジア類の代表でもあり、進化的な存在でもある。広い後頭部が特徴。

から見るとまったく別の面構えなのだ。

なお、口の中の様相も多少異なり、門歯の数はイノストランケヴィアが左右4本ずつであることに対して、ルビジアは1本ずつ多い。また、犬歯の後ろの歯はイノストランケヴィアのそれよりも、ルビジアの方がかなり小さいという特徴がある。数も1～2本しかない。

ルビジアに関する情報は、アエルログナトゥスほど多くはない。しかし、ロシアのイノストランケヴィアと〝同じ立ち位置〟にいたゴルゴノプス類として、その名を覚えておいても良いかもしれない。

第3節

そこにも、あそこにも、ここにもいた

ゴルゴノプス類とほぼ同時期に登場し、ある意味で、ゴルゴノプス類以上に繁栄した獣弓類のグループがある。

「異歯類」だ。

古脊椎動物に関する教科書的存在である『VERTEBRATE PALAEONTOLOGY』の第4版（2015年刊行）で、著者のマイケル・J・ベントンは、「ペルム紀で最も成功した四足動物」として異歯類を紹介している。

異歯類は、ゴルゴノプス類の近縁グループに位置付けられている。その化石は南極大陸を含むすべての大陸から発見され、合計で120種以上が報告されている。ペルム紀の獣弓類において最大の多様性である。

全長数十センチメートルほどの中型種が多いけれども、一部の大型種は全長3メートルを超えた。基本的には植物食であったが、原始的な種は植物以外も食べていたという。

推測されている生態は実に豊かであり、地上を歩きまわる種はもちろんのこと、樹上性とみられるもの、地中に穴を掘っていたもの、半水棲（すいせい）とみられるものもいた。

姿形の特徴としては、グループ全体に共通する「寸詰まりな頭部」を挙げることができる。とくに進化的な種ほど、寸詰まりになる傾向がある。

また、原始的な異歯類の口には歯が並んでいるけれども、進化的な種では口内に歯はない。口の先端にクチバシがあり、口腔の外に犬歯がある。そして、より進化的な種ほど発達した犬歯をもつ。ただし、この犬歯には、鋭さがない。顎は、植物を裁断するように動かすことができたとみられている。

特筆すべきは、グループの〝長寿性〟だ。

多くの獣弓類がペルム紀末に姿を消した中で、異歯類は中生代三畳紀後期までその命脈を保った（近年では、白亜紀にも異歯類がいたのではないか、という指摘もある）。

そんな異歯類から、まずは原始的な1種類を紹介しよう。

原始的な異歯類の代表格。

その名を「**スミニア**（*Suminia*）」という**4-6**。

ロシア、モスクワの北方850キロメートル付近に、コテルニチという街がある。その街の近郊に分布するグアダルピアンとローピンジアンの境界付近（約2億6000万年前）の地層から化石が発見されている。

頭骨の大きさは、長さ6センチメートルほど。全長は50センチメートル弱といったところだ。頭部は寸詰まりではあるけれども、進化的な異歯類と比較するとその程度はかなり弱い。吻部は細く、眼窩は大きかった。

4-6 スミニア。異歯類の一つ。樹上生活をしていたのではないか、との指摘がある。

口の中には、10~11本の歯がそれぞれ左右に並び、口先に近い歯ほどサイズが大きく、口の奥にいくに従って小さくなる。とくに最前方の歯は長く、幅もあり、そして、やや前方に向かって伸びていた。いわゆる「出っ歯」だった。鋭い犬歯こそないものの、哺乳類の門歯、前臼歯、臼歯に相当する異歯性があった。

下顎ががっしりしていることも特徴の一つだ。顎を動かして、植物を「咀嚼」することもできたとみられている。

四肢は長く、手足は大きい。この手足を使って、樹木の幹や枝に捕まることができたとされる。ベントンは、著書の中で「四足動物で、最初の樹上生活者」と、スミニアを紹介している。

異歯類の中で、スミニアのような原始的な種は少数派である。多数派は、進化的な種で構成され、「ディキノドン類」というグループをつくっている。「異歯類の繁栄は、ディキノドン類の繁栄」と言い換えてもよいだろう。ここでは、「ディキノドン（*Dicynodon*）」以下の5属に注目したい。

ディキノドン類の名前の由来ともなっている「**ディキノドン**」は、その名前自体がこの異歯類の特徴をよく表している **4-7**。「*Dicynodon*」とは「二つの犬歯」という意味であり、その名の通り、顕著に発達した二つの犬歯があった。

全長は1・2メートル前後。筆者とともに暮らすラブラドール・レトリバーとほぼ同じである。四肢はがっしりとしたつくりで、手足の先には平たい爪があり、その爪の形状が、掘削が得意な現生の哺乳類の爪とよく似ていることから、ディキノドンは土を掘っていたとみられている。ただし、1・

4-7 ディキノドン。ラブラドール・レトリバー並の体格をもつ。ディキノドン類の代表的な存在。

2メートルもの大きさの動物が自らのからだが入るほどの穴を掘って地中で生活することはあまり現実的ではないことから、掘削の目的は巣穴の構築などではなく、餌探しだったのではないか、とも指摘されている。手足で土を掘り、犬歯で植物の根などを引き出して食べていたのかもしれない。

２００８年、パリ自然史博物館（フランス）のA・クリロフたちは、ディキノドンの脚の骨（脛骨）を裁断し、その組織構造を分析した。その結果、ディキノドンの脛骨には現生の水棲種や半水棲種にみられるような構造は確認できなかったという。そのため、ディキノドンの生活圏は陸上であったとしている。

ディキノドンをぐっと小さくし、さらに四肢も短くさせたような姿だったのが、南アフリカのグアダルピアン末の地層から化石が発見されている**「ロバーティア」**（*Robertia*）である 4-8。その小ささたるや、チワワ以下。頭骨の長さが4センチメートル、肩高は5センチメートル、全長は20センチメートルというサイズだ。あなたの両手の上にちょこんと乗る。そんな大きさだ。ディキノドン類の「サイズの多様性」の一端を物語る存在といえる。

1981年、オックスフォード大学（イギリス）のG・M・キングは、ロバーティアの骨格を分析した研究を発表し、現生のトカゲのようにからだを左右に振りながら歩いていたと伝えた。キングによると、それなりにアクティブな動物だった可能性があるという。植物だけでなく、昆虫も餌としていたようだ。

ディキノドンたちと比べると、「**ゲイキア**（*Geikia*）」の風貌はかなり個性的だ 4-9。こちらは、イギリスとタンザニアに分布するローピンジアン末期、つまり、ペルム紀最末期の地層から化石が発見されている。

その独特の顔つきは、真横から見ると特徴がよくわかる。眼窩が口の先端の真上にあり、その一部が口の先端よりも前方に出ているのだ。ディキノドン類の特徴の一つである「吻部の寸詰まり」も、ここに極まった感がある。さらにその眼窩は、頭骨のサイズの割にかなり大きい。

また、発達した犬歯を特徴とするディキノドン類にありながら、ゲイキアの犬歯の発達はかなり弱い。頭骨自体も他のディキノドン類と比べて前後の長さが短い。

1984年、オープン大学（スコットランド）のA・R・I・クルークシャンクと、南アフリカ地

4-8 ロバーティア。手乗りサイズのディキノドン類。

4-9 ゲイキア。独特な顔つきをしているディキノドン類。

質調査所のA・W・キーヤーは、ゲイキアの頭骨を細かく検証した論文を発表している。この論文によると、ゲイキアの口は、植物を摘み取ることに適した形であるという。また、犬歯が発達していないことから、例えば、ディキノドンのように、植物の根を掘ることはなかったとも指摘している。

また、ゲイキアは、左右の視界が重なり、対象物までの距離を正確に把握する「立体視」ができたという。大きな眼窩には大きな眼球があったとされ、このことから夜行性だった可能性もあるとされた。夜行性の動物は、しばしば眼が大きいのだ。

そんなゲイキアの頭骨は、長さが11センチメートルほど。全身の化石は未発見であるために全長値は不明ながらも、他のディキノドン類と同じようなプロポーションならば、おそらく全長は50センチメートル前後だっただろう。

パラナ連邦大学（ブラジル）のクリスティナ・シルヴェイラ・ヴェガと、シュツットガルト州立自然史博物館（ドイツ）のマイケル・W・メイシュは、2014年に刊行された『Early Evolutionary History of the Synapsida』に、あるゲイキアの頭骨を詳しく調べた論文を寄稿している。

その化石は、タンザニアから発見されたもので、「GRIT/RE/7187」という標本番号がつけられた。ヴェガとメイシュは「GRIT/RE/7187」の上顎の底に直径2・5センチメートル、深さ0・5センチメートルの円形の凹みがあることに注目した。きれいな円形のそれは、他者からの攻撃によってできた傷とは考え難く、ヴェガとメイシュは上皮嚢腫によるものではないかとしている。

上皮嚢腫は、良性の腫瘍の一つである。それ自体は外傷か、あるいは、寄生虫によってできるとされる。現代の動物をみる限りは、良性の腫瘍だけれども、最終的には、肝不全などにつながるともいわれている。「GRIT/RE/7187」の〝人生〟にいかに上皮嚢腫が関係していたのかは定かではない。しかし、ペルム紀の単弓類に、現代の動物にみられるような腫瘍があったことを示す分析結果となった。

全長は、ゲイキアとほぼ同じ約45センチメートルで、ゲイキアよりもかなり豊富な数の化石が発見されているディキノドン類が、「**ディイクトドン**（*Diictodon*）」だ 4-10。その化石は、南アフリカ、ザンビア、中国などで多産する。とくに、南アフリカのある地層では、産出する脊椎動物化石の約6割をディイクトドンが占めるほど数がある。

ディイクトドンは、小さくて短い四肢と短い尾をもち、顔つきはロバーティアのそれに近い。頭部の先端は寸詰まりであり、口先はクチバシ状になっていて、口の中には歯がない。つまり、ディキノドン類としては、〝ごく普通の面構え〟だ。

ディイクトドンの化石の中には、巣穴の奥から発見されたものがある。1987年に南アフリカ博物館のロジャー・M・スミスが発表した論文によると、その巣穴は、比較的水域に近い場所の地中に掘られ、最も深いところで75センチメートルの深さがあったという。地表から数回の螺旋（らせん）を描きながら深くなり、最深部はまっすぐほぼ水平に伸びる。螺旋の角度は最大32度となかなか急だ。入り口は狭く、内部で広くつくられている。この巣穴の奥で、ディイクトドンは暮らしていたらしい。

2003年、ケープタウン大学（南アフリカ）のサンハミートラ・レイとケープタウン・イジコ博物館（南アフリカ）のアヌスヤ・チンサミーは、ディイクトドンの骨格を分析し、がっしりとした前脚と短く鋭

4-10 巣穴で暮らすディイクトドン。
複数個体が一つの巣で暮らしていたようだ。

い爪が掘削に向いており、後ろ脚とその先にある幅の広い爪は掘削で生じた土を後方に蹴(け)り出すことにちょうどいい形であると指摘している。関節も柔軟で、狭い穴の中での移動に適したからだのつくりだったようだ。また、巣穴の奥で2個体の成体の化石が寄り添うように発見されたこと、限られた範囲内に多数の巣穴があること、その巣穴はいずれも独立していてつながっていないことなどから、ディイクトドンは居住空間を共有しないまでも、群れをつくって暮らしていたことが指摘された。

さらに、2004年、レイとチンサミーは、13個体のディイクトドンの化石を詳細に分析し、その成長段階を次の4つのステージに分けた。

体重が成体の60パーセントに達するまでの「ステージA」、60～70パーセントの「ステージB」、70～90パーセントの「ステージC」、90パーセント以上の「ステージD」である。そして、ステージAとステージBはかなり急速に進んでいた可能性があるという。

幼い時期、若い時期はあっという間に過ぎていった。別の言い方をすれば、「成長期」があったということになる。

一方で、ステージDの個体であっても、成長が止まった痕跡(こんせき)はなかった。このことから、レイとチンサミーは、ディイクトドンは、死に至るまでわずかずつであっても成長を続けていたのではないかとしている。

また、2003年、ハーバード大学（アメリカ）のコーウェン・スリヴィアンたちによって、「性的二型」（雌雄(しゆう)の姿のちがい）が確認できると指摘された。

スリヴィアンたちによると、ディイクトドンの犬歯は成長にともなって、おそらく雄にだけ発達する特徴であるという。その目的は、穴の掘削などではなく、もっぱら雌へのアピールに使われた可能性があるとのことだ。

「**リストロサウルス**（*Lystrosaurus*）」は、ある意味で最も有名なディキノドン類といえる 4-11。その化石は、南アフリカを中心に、インド、中国、ロシア、そして、南極大陸とかなり広範囲から発見されている。そのため、第3章第6節で紹介したメソサウルスと同じように、超大陸パンゲアの存在を示す証拠とされてきた。この広い分布域から、オックスフォード大学（イギリス）のT・S・ケンプは、1982年に刊行した『MAMMAL-LIKE REPTILES and the ORIGIN of MAMMALS』で、「史上最も成功した哺乳類型爬虫類とみなすことができるだろう（*Lystrosaurus* may well beregard as the most successful single mammal-like reptile of all time.）」と書いている（なお、1982

4-11 リストロサウルス。「超大陸パンゲアが存在した証拠」とされる。

年という時代であるため、まだ「哺乳類型爬虫類（mammal-like reptile）」という言葉が使われているが、現代風に言えば、この場合は「哺乳類以外の単弓類」ぐらいのニュアンスだろう）。

リストロサウルスは、グアダルピアンに出現し、そして、中生代三畳紀まで命脈を保った。古生代と中生代の境を乗り越えた動物は、陸でも海でも、かなり珍しい。

リストロサウルス属には、複数の種が報告されている。一般的には、そうした種をまとめて、「全長1メートル」と表記されることが多い。ただし、最大種は頭骨だけでも長さが34センチメートルもあり、全長は1・5メートル前後に達したとみられる。

リストロサウルスの特徴は、まず、その顔つきだ。ゲイキアとは別の意味で、個性的だった。

〝鼻の下〟が長いのである。

頭部の形は、他のディキノドン類と比較しても、かなりの寸詰まりだ。吻部は、眼窩の前方にはほとんど伸びておらず、大きな眼窩の下方へ向かって上顎の先端が伸びるのだ。他の多くのディキノドン類と同じように口の内部には歯がなく、吻部の外に犬歯があった。

この独特の吻部は、硬い植物をついばむことに適していたらしい。1991年、南アフリカ博物館のジリアン・M・キングとマイケル・A・クラウバーは、リストロサウルスの頭骨を詳細に分析し、その一部に〝衝撃吸収構造〟があることを見いだした。硬い植物を食べれば、その衝撃は頭骨を伝わる。その衝撃を幾分か逃すことができたという。逆説的にみると、この構造から、硬い植物を食べていたことがわかる。

キングとクラウバーによるこの研究は、２００９年にブリストル大学（イギリス）のサンドラ・Ｃ・ジャシノスキーたちによっても支持されている。ジャシノスキーたちは、頭骨の強度をコンピューターを用いて解析し、その頭骨が一定の衝撃に耐えうる構造をしていることを明らかにした。リストロサウルスは繊維質を多く含む植物であっても、ついばみ、そして、破砕することができたのかもしれない。ジャシノスキーたちは、リストロサウルスのこの能力が、中生代まで生き延びることを可能にしたと指摘している。

四肢は短くもがっしりとしたつくりだ。手足には幅があった。２００５年、ケープタウン大学（南アフリカ）のレイたちは、リストロサウルスの骨の内部構造を分析し、現生の水棲、あるいは、半水棲の四足動物の構造に近いことを明らかにした。リストロサウルスの少なくとも一部の種は、半水半陸の生活をしていた可能性があるという。

もっとも、リストロサウルスの生態に関しては議論があるところだ。研究者によっては、「水辺に近い場所に暮らしていたかもしれないが、完全な陸棲だった」とみなしている。このあたりは、今後の研究の展開を待つことになるだろう。

レイたちの２００５年の研究では、リストロサウルスにもディイクトドンのような〝成長期〟があったことも指摘されている。リストロサウルスの場合、成体の30パーセントのサイズになるまでは、急速に成長したという。

第4節 世界は単弓類であふれていた

誤解を恐れずに書いてしまえば、ペルム紀は「単弓類の時代」だ。

シスウラリアンの覇者とその仲間たち〝盤竜類〟。

グアダルピアンに台頭し、ローピンジアンまで世界を席巻（せっけん）したゴルゴノプス類や異歯類。

いずれも、単弓類を構成するグループである。

当時、さまざまな姿の単弓類が、超大陸パンゲアの各地で活動していた。

そして、ここまでに紹介した単弓類が、「ペルム紀の単弓類のすべて」というわけではない。とくに、グアダルピアン以降の世界で空前の多様化に成功した獣弓類には、ゴルゴノプス類と異歯類の他にも、いくつかのグループがいた。

覇者と似た姿の仲間も多様だった

「テロケファルス類」というグループがいた。

このグループは、ゴルゴノプス類や異歯類と同じようにグアダルピアンに登場し、多様化した。そして、異歯類のように中生代まで生き延びて、三畳紀の中期まで命脈を保った。

テロケファルス類の姿は、一見すると、ゴルゴノプス類に似ている。しかし、そのサイズの多様性は、ゴルゴノプス類を凌駕（りょうが）していた。頭骨が10センチメートルほどの小型種がいれば、頭骨が75センチメートルを超える大型種もいたのだ。

食性も多様である。昆虫食、肉食、植物食など、種によって、さまざまなものを食べていたとみられている。

面構えも多様である。初期の種は吻部が長く伸び、全体的に重量感があるのに対し、進化が進むと、吻部が短くて幅広の種などが出現した。

進化した種の中には、口腔と鼻腔を分ける二次口蓋を発達させたものもいた。二次口蓋があれば、口に食物を入れた状態で呼吸をすることができる。ゆっくりと食物を味わうことができるのだ。そして、テロケファルス類の多くの種に共通する特徴として、眼窩が大きかった。

からだつきは、全体的にスレンダーである。とくに四肢は細い。また、尾は短いという特徴があった。

多様な姿のテロケファルス類の中で、本書では**「ユーシャンベルジア**（*Euchambersia*）」に注目したい 4-12。

4-12 ユーシャンベルジア。
毒をもっていたとされるテロケファルス類。

ユーシャンベルジアは、南アフリカに分布するローピンジアンの地層から化石が発見されている。ただしそれは、頭骨の化石が2標本だけ。その頭骨の長さは、12センチメートルほどだ。吻部が長く、ゆるいカーブを描く先端の鋭い犬歯があった。

その化石には、注目すべき特徴があった。

眼窩の前、犬歯の付け根のあたりに、小さな空間があるのだ。おそらく、何らかの分泌腺（ぶんぴつせん）があった空間である。そして、犬歯には溝があった。

こうした特徴が現在の毒ヘビに似ていたため、1930年代から「ユーシャンベルジアには、毒腺（どくせん）と毒牙（どくが）があったのではないか」と考えられてきた。

頭骨の空間で毒をつくり、牙に送り込んでいたのではないか、というわけである。

この指摘は、80年以上の歳月を経て、ウィットウォーターズランド大学（南アフリカ）のジュリアン・ブノワたちによって検証された。

2017年に発表されたその論文で、ブノワたちは、マイクロCTスキャンを用いてユーシャンベルジアの頭骨の内部構造を解析している。その結果、「毒腺があったとみられる空間」と「毒の通り道と想定される溝」、そして「毒が流れたとみられる牙の溝」の3点がしっかりと確認された。ちなみに、「毒腺があったとみられる空間」には、感覚情報（触覚や痛覚、温度覚など）のセンサーとなる三叉神経用の空間もあったという。

最新の科学技術によって、毒腺と毒牙の存在が裏付けられたことになる。ブノワたちは、ユーシャンベルジアを「毒をもつ陸上脊椎動物として最古の存在」としている。ユーシャンベルジアは、テロケファルス類の多様な生態の一端を垣間見ることができる。ユーシャンベルジアは、そんな存在なのだ。

繁栄した者たちの〝狭間〟で生きる

「恐ろしい頭部」という意味が込められた「デイノケファルス類」を紹介しよう。

このグループは、グアダルピアンだけに確認される〝刹那的な獣弓類〟である。化石は、ロシアと南アフリカで多産する。そして、わずかながらも、中国やブラジルでも化石の報告がある。肉食性も、植物食性も存在し、少なくとも南アフリカに生きていた一部のデイノケファルス類は、群れを組んで生活していたのではないか、といわれている。
代表的なものは、次の3種類だ。

まず、肉食性のディイノケファルス類として、**「ティタノフォネウス**（*Titanophoneus*）**」**を挙げておきたい 4-13。

化石はロシアから発見されている。全長は3・5メートルに達したとされているから、イノストランケヴィア級の大型の狩人である。重く、がっしり感のある頭部が最大の特徴で、門歯と犬歯が発達していた。門歯は、上下でしっかりと噛み合い、獲物の肉をついばむことができたという。

全長の半分は尾で占められており、四肢は長く、からだは、全体的に細身だ。印象としては、〝帆のないディメトロドン〟とゴルゴノプス類を足して2で割ったような姿に近い。ディイノケファルス類としては、初期の種と位置付けられている。

4-13 ティタノフォネウス。イノストランケヴィア級の大型捕食者。

植物食性の**「エステメノスクス（*Estemmenosuchus*）」**は、独特すぎる頭部をもつ 4-14。左右の眼窩のすぐ後ろに上方へ受けて1対の突起が長く伸び、さらに両頬にも長い突起が1対、鼻梁にも小さな突起が1本ついていた。眼窩の突起は「ツノ」と呼ぶには平たく、先端は三叉に分かれる。頬の突起はさらに平たく板状で、先端はまるでヘラのように丸まる。鼻梁の突起は短いながらも先端は鋭く、「ツノ」と呼んでも良いかもしれない。

重量感のある頭部の口の先端には、大きく発達した門歯が並んでいる。門歯以外の歯は未発達だ。

4-14 エステメノスクス。この顔つき。あなたの今夜の夢に出る……？

この頭骨の長さは60～70センチメートルほどで、全長は4メートルに達したといわれている。化石はヨーロッパから発見されている。

1986年、カリフォルニア大学（アメリカ）のアルバート・F・ベネットと、オレゴン州立大学（アメリカ）のジョン・A・ルーベンは、『The Ecology and Biology of Mammal-like Reptiles』に寄稿した論文の中で、エステメノスクスの体表について言及している。この論文で注目されたのは、1970年代に報告された「エステメノスクスの皮膚(ひふ)の印象化石」だ。「印象化石」とは、生物体そのものではなく、その形が地層中に残されたものである。例えば、やわらかい地面に横たわると、その生物体の表皮の形状が地面にそのまま〝プリント〟される。運が良ければ、その〝プリント〟が化石として残る。

ベネットとルーベンによると、〝エステメノスクスの皮膚〟には、体毛の痕跡も、毛根の痕跡も、鱗(うろこ)の痕跡も確認できないという。一方、汗腺(かんせん)は多く、その体表は滑(なめ)らかで、しなやかだったのではないかと指摘した。

エステメノスクスを上まわる巨体をもっていたデイノケファルス類が、「**モスコプス**（*Moschops*）」である 4-15。植物食性だ。全長は5メートルに達したというから、かなりの大型種といえよう。ティタノフォネウスやエステメノスクスとちがい、化石は南アフリカから報告されている。ただし、ロシアからも、よく似た姿の別種が報告されている。

4-15 モスコプス。
エステメノスクスとは対称的な頭部。

どっしりとした胴体は、見るからに重量級である。『The Ecology and Biology of Mammal-like Reptiles』の中で、ハーバード大学（アメリカ）のハンス・ディエター・スーエスは、その胴体を現生のカバにたとえ、さらに、カバのように半水棲だった可能性に触れている。

モスコプスが半水棲であるという見方は古くから存在する。1926年に刊行されたアメリカ自然史博物館の紀要では、ウィリアム・K・グレゴリーが、モスコプスの手足が広くて水を掻（か）くことに向いている点や、頭部が重く、水底の餌をとることに都合が良い点などに注目。こうした特徴から、モスコプスが河川で暮らす半水棲だったと分析している。

そして、モスコプスの最大の特徴といえ

ば、やはり重さのある頭部だろう。長さ30センチメートル強、どっしりとした胴体の割に小さめのその頭は、頭頂部がツルッとしていてやや丸い。その見た目もさることながら頑丈さもまるでヘルメットのようで、骨の厚さは10センチメートルを超えていた。

ユーシャンベルジアの毒牙の解析を行ったウィットウォーターズランド大学（南アフリカ）のブノワたちは、毒牙の研究を発表した２０１７年に、モスコプスの頭骨に関する研究も発表している。ブノワたちの解析によると、モスコプスの頭骨における重要な神経系の多くは、完全に骨で囲まれているという。しっかりと保護されているのだ。この解析結果は、いかにも頭突きをしていそうなその頭が、やはり頭突きに向いていたことを示している。

また、平衡感覚を司る三半規管の位置と向きを解析した結果、頭部は水平に対して60～65度の角度で下を向いていることが多かったことも明らかにされた。ほどよく頭突きに適し、そして、ほどよく地表の植物を食べることに向いた角度、といえる。

マイケル・J・ベントンは、『VERTEBRATE PALAEONTOLOGY』の第4版で、こうしたディノケファルス類がグアダルピアンの末までに姿を消した理由として、ゴルゴノプス類やディキノドン類の台頭を挙げている。ティタノフォネウスのような大型の肉食者としての地位はゴルゴノプス類に取って代わられ、エステメノスクスやモスコプスのような植物食者としての地位は、ディキノドン類に奪取されたのだ。

次代への萌芽

ここまでに紹介したほぼすべての単弓類の系統は、現在までに絶えている。

ゴルゴノプス類のようにローピンジアン末に姿を消したグループがいれば、ディキノドン類のように三畳紀に入ってから滅んだグループもいる。ペルム紀に単弓類が勝ち得た多様性は、急速に失われていった。

しかし、単弓類のすべてが滅びてしまったわけではない。

そもそも単弓類が全滅すれば、今日の哺乳類はないのだ。ペルム紀の単弓類から現在へとつながる系統があったからこそ、私たちは存在している。

その〝現在へとつながる系統〟が、グアダルピアン末の獣弓類に登場した。このグループの名前を「キノドン類」という。三畳紀に哺乳類を生むことになるグループである。

初期のキノドン類を代表するのは、南アフリカから化石が発見されている「**プロキノスクス**

4-16 プロキノスクス。ここまでに登場した単弓類の中では、最も“私たち”に近い。

（*Procynosuchus*）」である 4-16。その全長は60センチメートル強。

プロキノスクスは、ほぼ完全な全身骨格がみつかっている。からだつきは細く、四肢はやや太めで、しっかりとしている。後ろ脚の化石は発見されていないけれども、少なくとも前脚はやや幅広だった。尾はやや長いといったところだ。研究者によっては、現生のワニ類のような半水棲だったのではないか、ともしている。

注目すべき点は、口の中にある。ゴルゴノプス類や異歯類、テロケファルス類、デイノケファルス類のいずれとも異なり、はっきりとした〝奥歯〟を備えていた。その数、左右それぞれに10本以上。このうち、〝前方の奥歯〟の先端は鋭く尖り、そして、後方に向かってわずかに曲がっていた。〝後方の奥歯〟の形状は複雑で、哺乳類の臼歯を彷彿させる（とはいっても、臼歯のような「臼型」ではない）。

プロキノスクスに、ゴルゴノプス類やテロケファルス類ほどの狩人としての特化性をみることはできないし、異歯類ほどの化石が発見されているわけでもない。デイノケファウルス類ほどの巨体ももたない。

言ってみればそこまで特筆すべき特徴のないプロキノスクスのようなキノドン類が、ペルム紀後の単弓類の歴史をつくっていくことになる。

側爬虫類は、徒花を咲かせる

ペルム紀の世界に生きていた爬虫類は、「側爬虫類」と「真爬虫類」の二つのグループに分けられている。

その名前が示すように真爬虫類こそが、爬虫類の〝進化の本流〟である。のちに恐竜類を生むのも、現生の爬虫類も、真爬虫類である。

一方の側爬虫類は、ペルム紀に全盛を迎えていた。この時代に限定すれば、爬虫類の〝主流〟は、側爬虫類だ。

そんな側爬虫類にあって、グアダルピアンに登場し、ローピンジアンまで栄華を誇り、そして、ローピンジアン末に激減したグループが、「パレイアサウルス類」である。当時、いくつかの側爬虫類のグループが存在した。その中で、パレイアサウルス類は圧倒的な存在感を放っている。

特徴は、そのずっしりとしたからだにある。頑丈な骨でつくられた胴体は、重量感のある樽型だ。四肢も太い。そして、からだの割にはやや小型に見える頭部は、横幅が広く、こちらもがっしりとし

4-17 ブラディサウルス。原始的なパレイアサウルス類。

ている。首は短く、尾も短い。

歯は、その先端が木の葉のような形状となっていた。これはのちの植物食恐竜にみることができる形である。この形が示唆するように、パレイアサウルス類は植物食性だったとみられている。大きな胴体には、植物をゆっくりと消化するための大きな消化器官が詰まっていたのだろう。

大型種の全長は、3・5メートルに達する。現生動物でいえば、サイ級である。植物食性の脊椎動物の進化についてまとめられた『Evolution of Herbivory in Terrestrial Vertebrates』（2000年刊行）では、パレイアサウルス類を「古生代で最大の植物食性四足動物」と紹介している。

2010年代にワシントン大学（アメリカ）のリンダ・A・ツジたちが発表した論文の中で、原始的なパレイアサウルス類に位置付けられた種類の一つが、

「**ブラディサウルス**（*Bradysaurus*）」である 4-17。化石は、南アフリカから発見されている。全長2・5メートルほどで、パレイアサウルス類の進化的な種と比較すると尾がやや長い。グループに共通する樽のような胴体や太い四肢はすでに備えており、頭部の幅も広かった。その頭部は、やたらともこもこしており、下顎の下に伸びる小さな突起があった。また、背中には、背骨の上に皮骨（ひこつ）が並んでいたとみられている。

一方、「パレイアサウルス（*Pareiasaurus*）」と、「スクトサウルス（*Scutosaurus*）」は、ツジたちの論文で「進化的」な種として位置付けられている。

パレイアサウルス 4-18 の全長は2・4メートルほど。ブラディサウルスよりも重々しい姿をしている。南アフリカとザンビアだけではなく、ロシアなどから化石が発見されている。鹿間時夫は、1979年刊行の『古脊椎動物図鑑』の中で、「カバのように肥（こ）えた体といい、重々しい骨格といい、多分水の中につかって生活し、水草や軟らかい動物性のものを食べていたと思われる」と紹介した。

生態に関しては、2008年にパリ自然史博物館（フランス）のA・クリロフたちが骨の組織構造を分析した論文を発表している。骨の組織は、水棲と陸棲でつくりが異なることが知られている。クリロフたちの分析によると、パレイアサウルスの骨は、完全な水棲というよりは、水陸両棲に近いという。その意味では、鹿間の書いたように、カバのような暮らしをしていたのかもしれない。

スクトサウルス 4-19 は、パレイアサウルスよりひとまわり大きい全長2・7メートル。どっしり

4-18 パレイアサウルス。鹿間に「肥えた体」と描写された。

4-19 スクトサウルス。イノストランケヴィアとセットで“絵になる”ことが多い。

感あふれる胴体で、四肢は太く短く、尾は短い。幅のある頭部には、多くのいぼ状突起があり、ブラディサウルスやパレイアサウルスよりも顔のもこもこ感が強い。そして、頭部以外の全身にわたって、膨大な数の皮骨が分布していた。どことなく、重戦車を思わせるような、そんな雰囲気すら漂う。今のところ、ロシア産のみが知られている。

2021年、ローマ・ラ・サピエンツァ大学（イタリア）のマルコ・ロマーノたちは、全身復元骨格からコンピューター上で3Dモデルを構築し、その体積や体重を解析した。この研究によると、スクトサウルスの体重は1160キログラム前後に達するという。1トン超である。このモデルが正しいのであれば、現生のクロサイやウシに匹敵する巨体、ということになる。

ブラディサウルスやパレイアサウルス、スクトサウルスたちとは一線を画す存在のパレイアサウルス類が、「**ブノステゴス**（*Bunostegos*）」だ 4-20。全長3メートルという大型種である。

最大の特徴はその頭部にあり、頭頂部の両脇、眼窩の上、鼻梁、頬、下顎など、顔のあらゆるところにぽっこりとした膨らみがあった。スクトサウルスたちにみられるもこもこ感とはまたちがう、独特な面構えだ。

さらに、ワシントン大学（アメ

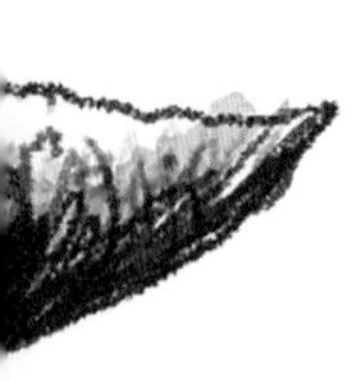

4-20 ブノステゴス。大型種。他のパレイアサウルス類と比較すると、頭部が独特である。

リカ）のモーガン・L・ターナーたちが2015年に発表した論文によると、四肢のつくりも独特だったという。

多くのパレイアサウルス類は、肘を少し横に張り出した爬虫類然とした脚のつくりだったとみられている。しかし、ターナーたちの分析によれば、ブノステゴスの（少なくとも）前脚は、ほぼまっすぐに下へ伸びていたという。この脚のつき方は、恐竜類や哺乳類とよく似ている。四足動物は、脚をまっすぐ下方に伸ばすことで、胴体を持ち上げるために必要なエネルギーが少なく済み、効率的に歩くことができる。

こうした特徴は、生息していた地域が影響しているようだ。

ブノステゴスの化石の産地は、ニジェールである。南アフリカでも、ロシアでもない。ペルム紀当時、ニジェールは超大陸パンゲアの内陸にあった。気候は乾燥帯にあり、砂漠が広がっていたとみられている。

そんな場所で暮らすためには、植物の茂る水辺から水辺へと効率よく移動していく必要があっただろう。

パンゲアの内陸を生きていた動物の情報は貴重であり、今後のさらなる発見と分析によって、こうした情報が検証されていくことになるだろう。

圧倒的なまでの存在感を放つパレイアサウルス類は、しばしば、肉食動物の良き獲物として復元されることが多い。例えば、「スクトサウルスを襲うイノストランケヴィア」は、ペルム紀のロシアを語る上で定番ともいえる題材である。

第6節

真爬虫類は、雌伏をして時をまつ

中生代三畳紀以降に世界の覇権を握ることになる真爬虫類は、ペルム紀においては〝爬虫類の主流〟ではない。側爬虫類が獣弓類たちと熾烈（しれつ）で迫力のある生存競争を繰（く）り広げていた中、真爬虫類は、ともすれば、見落とされがちな存在だった。

例えば、この時代を代表する真爬虫類に、「ヨンギナ（*Youngina*）」がいる。南アフリカに分布するローピンジアン半ばの地層から化石が発見されており、全長は40センチメートルほど。見た目はトカゲとよく似ていて、口には小さな歯が並び、おそらく昆虫を食べていたのではないか、とみられている。

同じ地層からはパレイアサウルスの化石も報告されており、大型の側爬虫類の足下で、小型の真爬虫類がちょこまかと動く、そんな情景が目に浮かぶ。

ヨンギナは、真爬虫類の中でも「双弓類（そうきゅうるい）」に属している。第3章第6節で紹介した、やはりトカゲのような姿のアフェロサウルスと同じグループである。

ペルム紀の後半期、双弓類は雌伏（しふく）の時を過ごしながらも、少しずつ多様性を増していた。

ドイツやイギリスのローピンジアン前半の地層から化石が発見されている「**プロトロサウルス**（*Protorosaurus*）」もその一つ 4-21。

プロトロサウルスは、その名前が「初期のトカゲ」を意味している。繁栄期を迎える直前の真爬虫類にふさわしい名前といえるだろう。全長はヨンギナの5倍に相当する2メートルに達し、首がやや長いという点が特徴だ。からだはトカゲのように細く、四肢は長く、おそらく敏捷（びんしょう）な動きができたとみられている。

あまり目立たない当時の双弓類の中で、「唯一」といっていいほどに存在感を放っているのが、「**ウェイゲルティサウルス**（*Weigeltisaurus*）」4-22とその仲間たちだ。

4-21 プロトロサウルス。ここまでに登場した爬虫類の中では、最も恐竜類に近い。

このグループは、脊椎動物の歴史において「初めて空を飛んだ動物」として知られている。ウェイゲルティサウルスの全長は60センチメートルほど。上から見た頭部の形は、二等辺三角形に近く、後頭部の縁には細かなトゲが並んでいた。四肢は長くもなく、短くもない。そして、尾は長かった。

最大の特徴は、胴体の両脇にある細い骨だ。長短さまざまあるその骨は、最も長いもので、口先から腰までに匹敵するほどの長さがあった。その数は、左右それぞれ20本以上。

伝統的な復元では、この細い骨は、長い肋骨と解釈されていた。背中に並ぶ肋骨が左右それぞれの側方に長く伸びる。そして、その伸びた肋骨の間には皮膜が張られていた、とみられている。この皮膜を「飛膜」として用いることで、樹木から樹木へ滑空していたとされる。

ちょっと異様に見えるかもしれないこの復元には、実は現生種にモデルがいる。トビトカゲの仲間である。トビトカゲの肋骨は左右に伸び、しかもそれは、脊椎を支点として可動する。このしくみによって、トビトカゲは皮膜を広げて飛膜とし、樹木から樹木へと滑空する。

ただし、ウェイゲルティサウルスのこの〝細

4-22 ウェイゲルティサウルス。いくつかの復元が発表されている中で、ここではPritchard et al. (2021)を参考に作画。

い骨〟を、「肋骨」とみなすことには、異論も少なくない。

１９９７年、カールスルーエ州立自然史博物館（ドイツ）のエバーハート・フライたちは、ドイツで新たに発見され、「SMNK 2882 PAL」と標本番号がつけられた良質な標本などを分析した結果を発表している。

この研究では、骨の本数が注目された。〝細い骨〟の本数は左右それぞれに20本以上ある。しかし、胸から腰にかけての脊椎は13本しか確認できなかったのだ。

基本的に1本の肋骨は、1個の脊椎とつながる。つまり、〝細い骨〟を肋骨とみなした場合、どうにも脊椎との数があわないのである。

このとき、フライたちは、20本以上の〝細い骨〟は、主として脇の後ろあたりに、まとまって付いていたと考えた。脇の後ろあたりを基点として、扇状に〝細い骨〟が並ぶ。そして、必要に応じて、この〝扇型の飛膜〟を広げていたのではないか、というのだ。

一方、２０２１年、ヴァージニア大学（アメリカ）のアダム・A・プリチャードたちは、フライたちと同じ「SMNK 2882 PAL」を分析し、〝細い骨〟が肋骨とは別であるという点を支持しつつ、フライたちの１９９７年の復元のように扇型に〝細い骨〟が広がるのではなく、からだの側面に並んだ姿として復元している。そして、胴体側面に畳んでおくことが可能であり、必要に応じて展開し、飛膜をつくっていたのではないか、と指摘した。

伝統的な復元と、フライたちの復元、プリチャードたちの復元と三つの復元がある。この中に〝真の姿〟があるのか、それとも、第4の復元が提案されるのか。ペルム紀の真爬虫類に関する研究の中で、注目すべき点であるといえるだろう。

ちなみに、このウェイゲルティサウルスは、かつて、「コエルロサウラヴス（*Coelurosauravus*）」と呼ばれていた。筆者もこれまでに執筆した書籍では、「SMNK 2882 PAL」に基づいて復元された動物を「コエルロサウラヴス」の名で紹介している。

もともとこの2種類の滑空性爬虫類は、別々に報告されたものだ。コエルロサウラヴスの報告が1926年、ウェイゲルティサウルスの報告が1939年である。

そして、1987年になって、この2種類は同種ではないか、と指摘された。異なる種が実は同種であると判明した場合、学名は先に名付けられた種に統一される（先取権の原則）。そこで、この2種類はコエルロサウラヴスに統一され、ウェイゲルティサウルスの名前は抹消された。

しかし2015年になって、コエルロサウラヴスとウェイゲルティサウルスはやはり別種であると判断された。頭部の構造が微妙に異なっているという。これによって、ウェイゲルティサウルスは、コエルロサウラヴスと近縁の別種として〝復活〟した。

フライたちが論文を発表した時点では、ウェイゲルティサウルスは〝なかった〟わけだ。実際、その復元は、コエルロサウラヴスとして発表されている。

ただし、フライたちがこのとき検証した「SMNK 2882 PAL」という標本は、今日ではウェイゲルティサウルスとして扱われている。なんともややこしい話だが、「SMNK 2882 PAL」という良標本がある以上、ウェイゲルティサウルスが、ウェイゲルティサウルスとその仲間たちをめぐる議論の中核にあるといえるだろう。

なお、ペルム紀の後半期の地球には、双弓類ではない真爬虫類もいた。その一つとして、ローピンジアン末期の「**モラディサウルス**（*Moradisaurus*）」を挙げておこう 4-23。

モラディサウルスは、全長2メートルと、からだのサイズこそプロトロサウルスと同等であるものの、見た目はかなり異なる。頭部を上から見ると幅の広い三角形で、胴体も横に広く、四肢はがっしりとしていた。トカゲよりもワニに近い姿をしているが、ワニのように肉食ではない。食性は植物食とみられ、口には鋭さは欠けるものの、小さな歯がびっしりと列をなして並んでいた。

モラディサウルスは、第3章第6節で紹介した小型種たちが属するカプトリヌス類の流れを汲む。カプトリヌス類は、ペルム紀を通じてその命脈を保っていたのだ。

4-23 モラディサウルス。
カプトリヌス類の一つ。

そして、滅んだ。

モラディサウルスの化石は、ニジェールから発見されている。ブノステゴスと同じ「パンゲアの内陸」だ。その存在こそが貴重である。パンゲア中央部の生態系に迫る貴重な手がかりの一つであるからだ。

第7節

両生類の繁栄は、分椎類が紡いでいる

ペルム紀における両生類の繁栄は、「分椎類（ぶんついるい）」と呼ばれるグループがその一翼（いちよく）を担っていた。第1章のエリオプス、第3章第5節のカコプス、プラティヒストリクスなど、独特の姿をもつものたちが、その多様性の豊かさを見せつけた。

その傾向は、ペルム紀の後半期になっても続いている。

例えば、シスウラリアンとグアダルピアンの境界付近のブラジルに出現した「**プリオノスクス**（*Prionosuchus*）」は、発見されている化石は限定的ながらも、かなり細長い吻部をもつことで知られる分椎類だ 4-24。近縁種をもとに推測される頭骨の長さは約58センチメートルに達し、その過半を吻部が占める。そして、全長は9メートルに達したとみられている。

推測とはいえ、「9メートル」というサイズは、この時代に類を見ない。それどころか、古今の両生類を見渡しても、ここまで大きなものは他に知られていない。そのため、プリオノスクスは、「史上最大の両生類」といわれている。

4-24 プリオノスクス。「史上最大の両生類」の候補。

からだの大部分が未発見であるとはいえ、発見された化石が含まれていた地層は、そこが水域であることを示唆していた。この点が注目され、プリオノスクスも水棲だったと考えられており、長い尾のある姿で復元されることが多い。

「**ニジェールペトン**（*Nigerpeton*）」は、その名が示すようにニジェールで化石が産出した分椎類である 4-25。パレイアサウルス類のブノステゴスやカプトリヌス類のモラディサウルスと同じ地

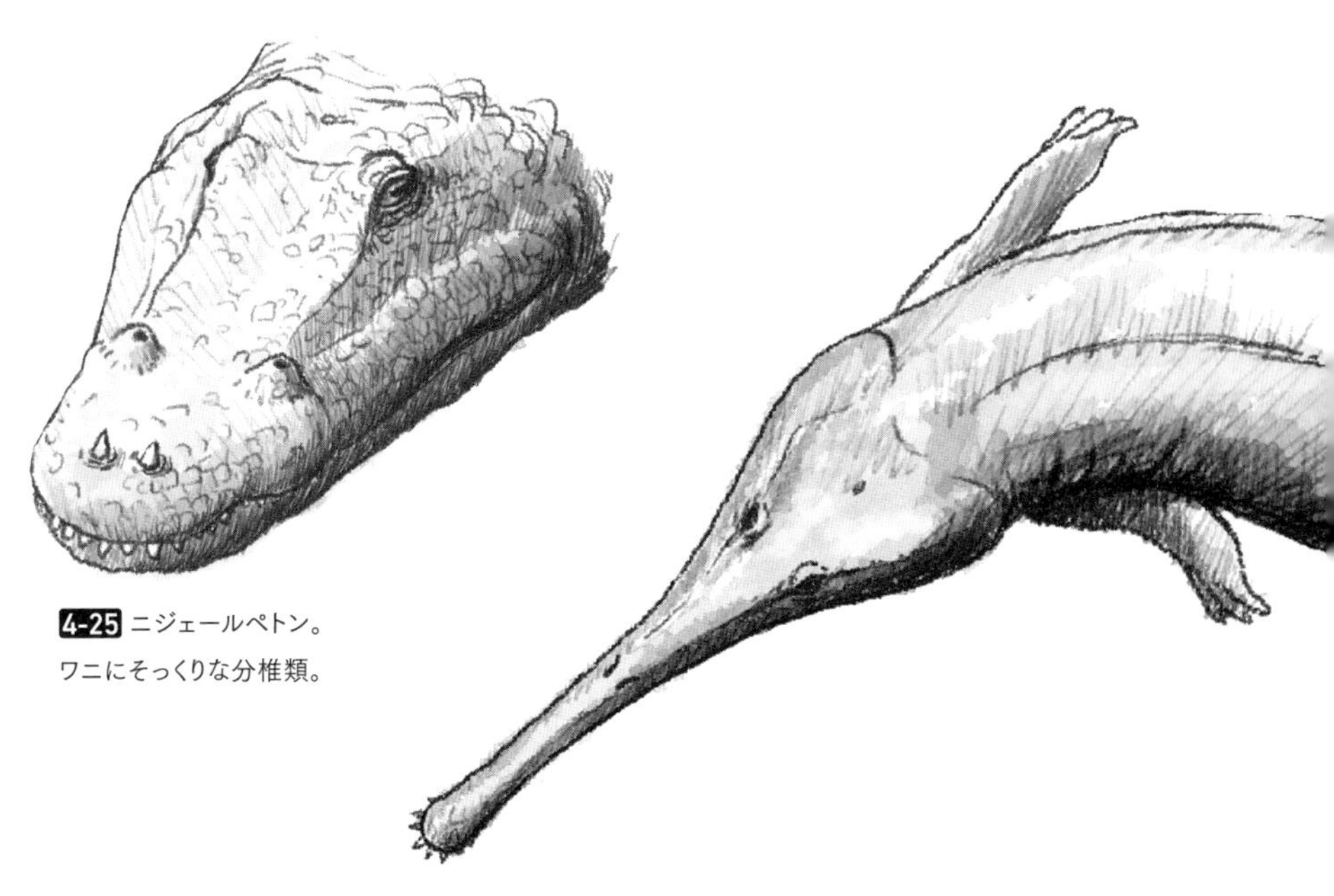

4-25 ニジェールペトン。
ワニにそっくりな分椎類。

層から化石が発見されているため、この3者は同じ生態系、あるいは、近い生態系に暮らしていたとみられている。

ニジェールペトンも、みつかっている化石は部分的ではあるものの、推測される全長は3メートルとなかなかのサイズだ。

その風貌は、一言でいえば、「ワニ」。

現代のワニとよく似ていて、幅が広く、前後に長く、高さのない頭部をもっていた。吻部の先端には、下顎の長い牙が貫通（かんつう）する孔（あな）が開いている。おそらく、現代のワニと同様に水辺を支配圏とし、水中に潜（ひそ）みながら、水を飲みにやってきた獲物を狩る。そんな暮らしをしていたようだ。

ブノステゴスといい、モラディサウルスといい、ニジェールペトンといい、パンゲア内陸には、やはり独自の生態系があったとみるべきだろう。

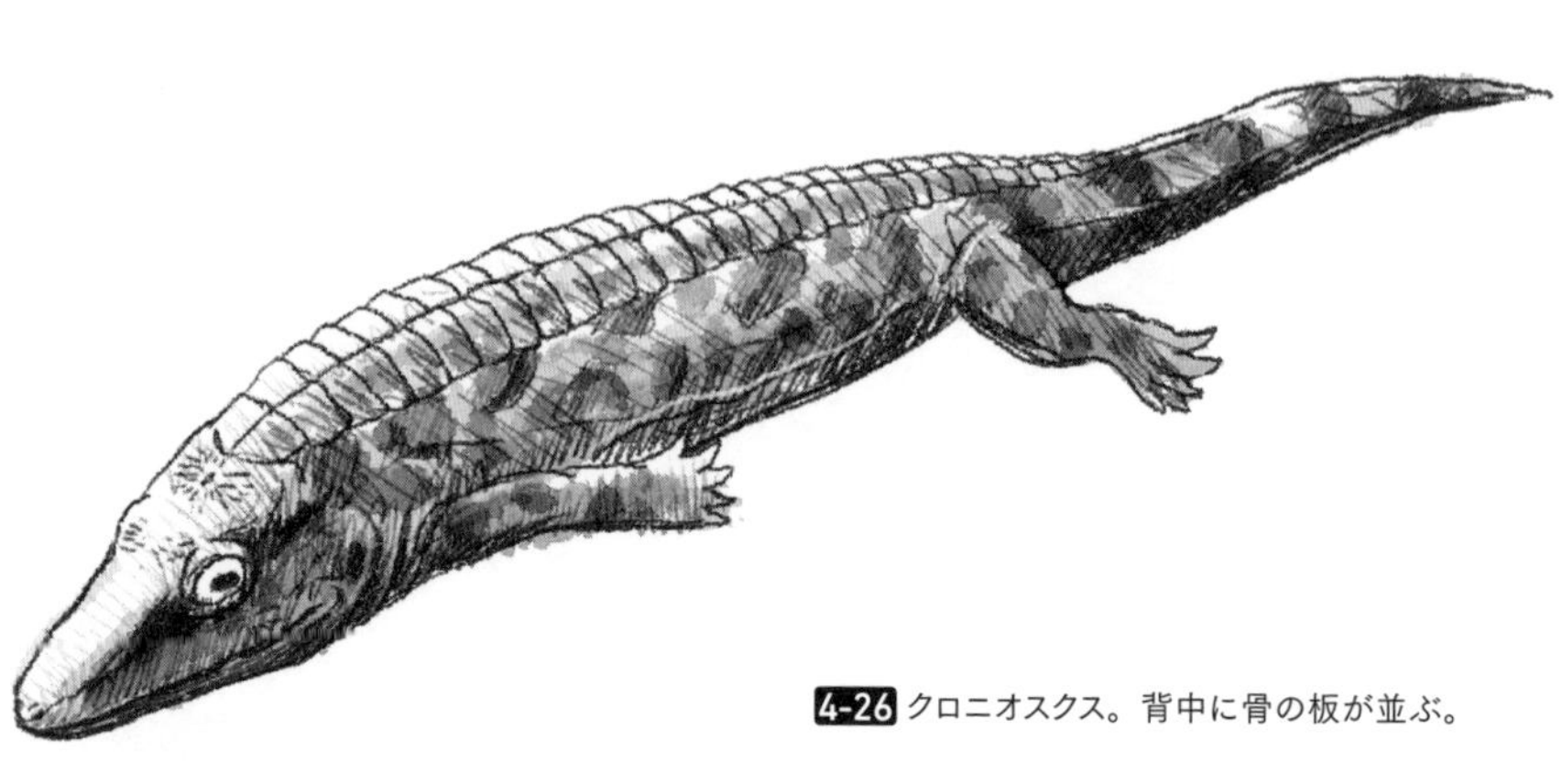

4-26 クロニオスクス。背中に骨の板が並ぶ。

もう1種類、紹介しておこう。

「**クロニオスクス**（*Chroniosuchus*）」である 4-26。

クロニオスクスは、ローピンジアンのロシアに生息していた。こちらも化石は部分的で、前半身しか発見されていない。

その前半身に確認できる頭部は20センチメートル弱。上から見たときの形は二等辺三角形に近い。高さもあり、眼窩は頭骨の側面に開いていた。

最大の特徴は、背中に並ぶ「骨の板」だ。左右幅4センチメートルほど、前後幅は2～4センチメートルほどの骨の板が、背中に並んでいた。その数は、確認できている板だけでも11枚におよんだ。カコプスも似たような骨の板を備えていたが、クロニオスクスのそれの方が幅があり、背中を広く守っている。

こうした繁栄をみせながら、〝現生のグループ以外の両生類〟は、まだしばらく命脈をつなぐ。地域とグループによっては、中生代白亜紀まで子孫を残し続けた。しかし、〝生態系の主役の座〟は、三畳紀以降は真爬虫類、とくに双弓類に奪われていくことになる。

〝終末期〟の無脊椎動物たち

本書は、脊椎動物を中心に話を紡いできた。

しかし、もちろん、生命の歴史は脊椎動物だけで紡がれてきたわけではない。無脊椎動物にも栄枯盛衰の物語が存在する。無数の無脊椎動物が出現し、そして、滅んできた。

約2億8700万年にわたって続いてきた古生代が終焉を迎えるペルム紀においても例外ではない。この時代の地層からも多くの無脊椎動物の化石が産出し、世界を彩っていたことを証明している。

本節では、そんな無脊椎動物の中から、とくに三葉虫類、ウミユリ類、腕足動物、二枚貝類の4つのグループに注目し、それぞれのグループから1種類ずつ紹介しておこう。

まずは、三葉虫類である。

水棲の無脊椎動物の一翼を担う大きなグループだ。節足動物に分類される。

三葉虫類は、古生代の最初の時代であるカンブリア紀に登場した。そして、その後、長い期間にわたって命をつないできた。多様化にも成功し、その総種数は1万種を大きく超える。「化石の王様」の異名をもつほどに、豊富な化石が発見されている。

ただし、三葉虫類の全盛期は古生代の早い段階に訪れた。登場したカンブリア紀、その次の時代であるオルドビス紀の二つの時代が、三葉虫類の栄えた時代である。このとき、三葉虫類には、少なくとも7つのグループがあった。その後は急速に勢力を縮小し、ペルム紀が始まったころには1グループしか存在していなかった。

国立ウェールズ博物館（イギリス）のロバート・M・オーウェンは、2003年に刊行された『SPECIAL PAPERS IN PALEONTOLOGY 70 Trilobites and their relative』に寄稿した論文で、ペルム紀の三葉虫類についてまとめている。オーウェンのこの論文によると、ペルム紀末――ローピンジアン末にたどり着くことができた三葉虫類は、その1グループの中の、わずか5種類（属）であったという。

その5属のうちの一つの化石が、日本の宮城県からも発見されている。その三葉虫類の名前は、「**ケイロピゲ**（*Cheiropyge*）」だ 4-27。ただし、日本のケイロピゲは、グアダルピアン末のものである。

ケイロピゲの大きさは、数センチメートル程度。その姿は、おそらく多くの人々が「三葉虫」という言葉を聞いて想像する形状とさほど離れていない。すなわち、上から見た形状は流線型に近く、からだには多数の節があった。これは、ケイロピゲに限らず、ペルム紀まで生き残った1グループの三葉虫類に共通する特徴だ。

かつて、三葉虫類には全身をトゲで覆(おお)ったり、タワーのようにレンズを積み重ねた複眼(ふくがん)をもってい

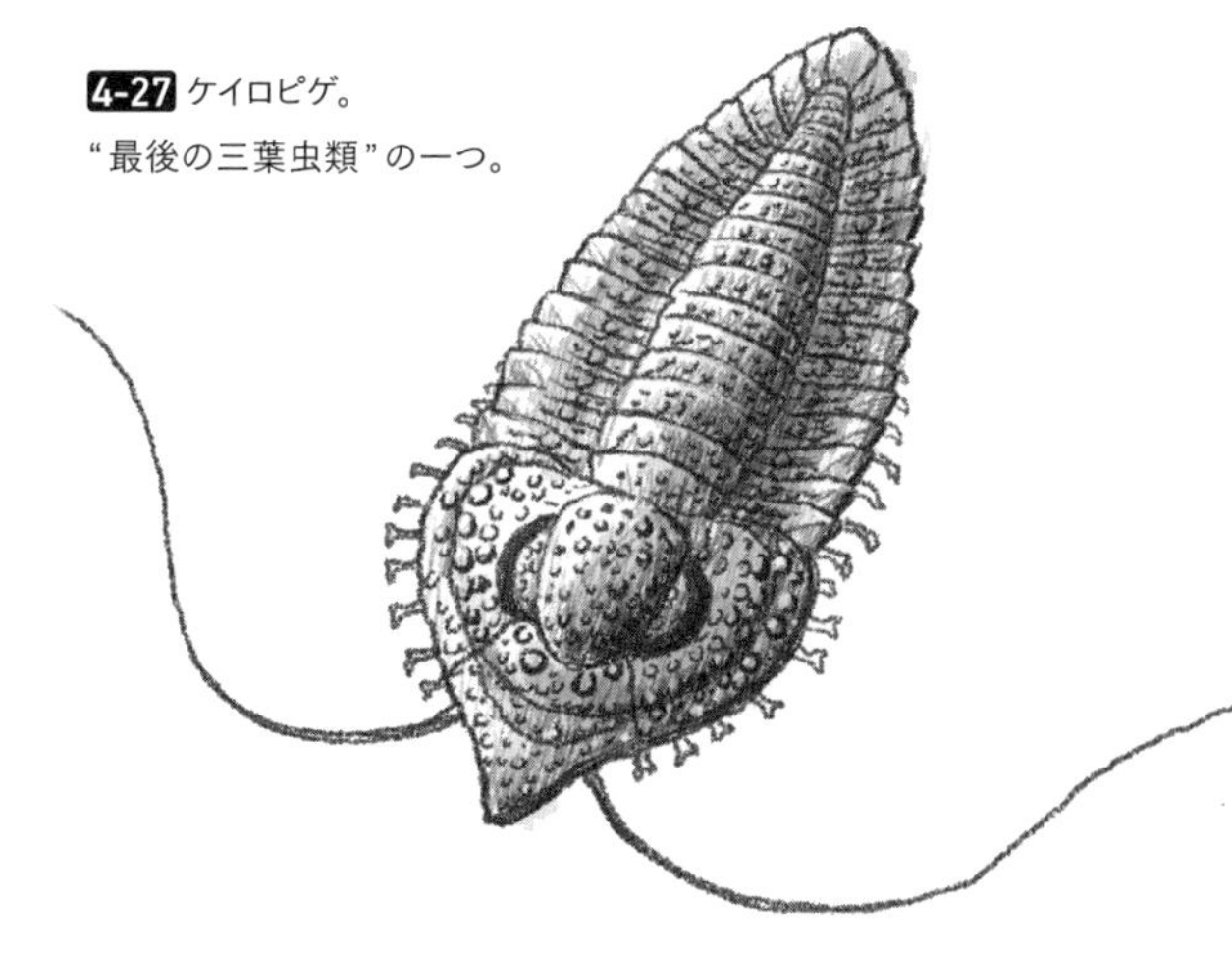
4-27 ケイロピゲ。
“最後の三葉虫類”の一つ。

たり、全長が70センチメートルに達するものなど、さまざまな種類が存在した。

しかし、ペルム紀の三葉虫類は基本的に小さくて、からだのつくりがシンプルだった。もちろん、シンプルな中にも特徴はある。ケイロピゲの場合、頭部の先端に三角形の突出物がちょこんとついていた。

ケイロピゲと他4属の三葉虫類は、ローピンジアン末に姿を消し、「王様」と呼ばれた分類群の歴史は、完全に途絶えることになる。

ウミユリ類は、その名に「ユリ」という言葉が含まれているものの、植物の「ユリ（百合）」との関係はない。それどころか植物でさえなく、棘皮動物という無脊椎動物の1グループである。なお、棘皮動物には、他にウニ類やヒトデ類などがいる。

もっとも、その姿は確かに植物っぽい。「茎」があり、その先に「萼」がある。そして、花弁のかわりに数本の「腕」がある。多くの種は、茎の末端を何らかの方法で海底に固定し、茎を自立させ、腕を使って海中を漂う有機物などを〝捕まえて〟食していたとみられている。

三葉虫類とはちがって、ウミユリ類には現生種も存在する。現生種も存在するが、その全盛期は古生代にあった。とくにペルム紀の前の時代である石炭紀には、「ウミユリの花園」あるいは「ウミユリの草原」と形容されるほどに〝繁茂（はんも）〟した。

ペルム紀にも多くのウミユリ類が存在した。ここでは、オーストラリアのシスウラリアンの地層から化石が発見されている「**ジンバクリヌス**（*Jimbacrinus*）」を紹介しておきたい 4-28。

ジンバクリヌスは、蕚に小さな突起が並ぶウミユリ類だ。腕には内側に小さなトゲが並び、先端はくるっと丸まった状態で化石が発見されることが多い。大きさは、蕚の高さが数センチメートルといったところ。

ジンバクリヌスの化石は、他の多くのウミユリ類と同じように、蕚と腕だけの状態で発見されることがほとんどだ。ジンバクリヌスの場合、蕚と腕だけに注目すると、どことなくクラゲのような姿にみえる。

こうした〝ちょっとした特徴のあるウミユリ類〟は、古生代のウ

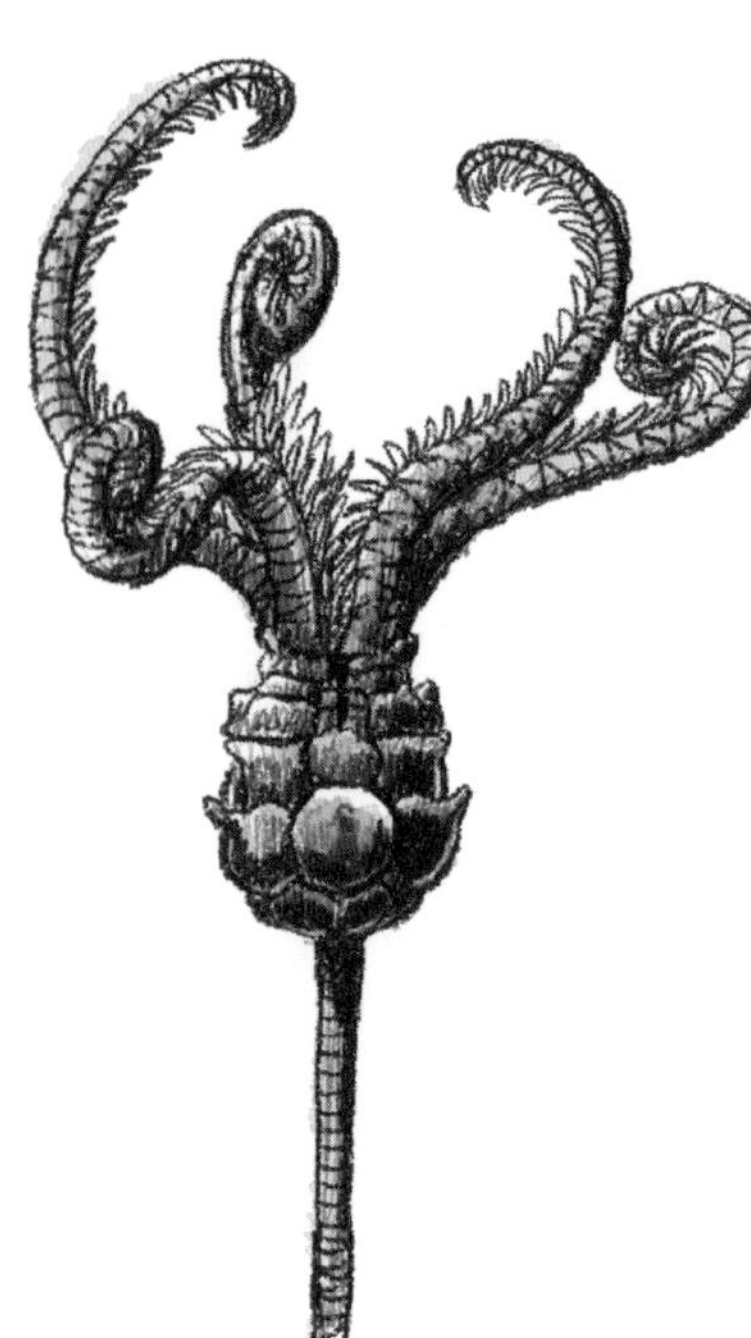

4-28 ジンバクリヌス。ウミユリ類の一つ。

ミユリ類に多くいた。しかし、ローピンジアン末に大いに数を減らし、完全絶滅こそしなかったものの、その後、現在に至るまで古生代の栄華を取り戻すことはなかった。

腕足動物は、水棲の貝だ。二枚の殻をもっている。ただし、二枚貝類とは異なる。

二枚貝類は多くの人々にとって身近な存在だろう。味噌汁の具材としておなじみの「アサリ」や「シジミ」、あるいは、「ホタテ」や「ハマグリ」などは、いずれも二枚貝類に属している。二枚貝類の場合は、殻を開けると、そこにはさまざまな軟体部（なんたいぶ）が詰まっている。私たちはそれを食しているわけだ。

一方の腕足動物の殻を開けると、そこには小さな触手が並んでいる。二枚貝類のように殻いっぱいに軟体部は詰まっておらず、小さいため、少なくともヒトにとっての可食部はほぼない。

腕足動物も絶滅グループではなく、現在の海にも暮らしている。ただし、現在ではかなり珍しい存在だ。一例を挙げるなら、日本でもみられる「シャミセンガイ」などがいる。

一方、古生代においては珍しい存在ではなかった。とくにデボン紀、石炭紀、ペルム紀の海底で大いに繁栄した。

ここでは、「**ワーゲノコンカ**（*Waagenoconcha*）」を挙げておきたい 4-29。世界各地のペルム紀の地層から化石が発見されている。

ワーゲノコンカの形状は、まるで雪かき用のスコップだ。薄いスコップ状の2枚の殻が重なり合っている。スコップの「柄」にあたる構造はもたないが、柄があればその付け根に相当する部分に開閉軸があり、開閉軸の左右に「耳」と呼ばれる小さな三角形の突起がある。殻の幅は10センチメートルに満たない。この付け根部分を下にして海底で姿勢を安定させていたとみられている。なお、スコップの両サイドには数本の細いトゲが並ぶ。

２０１５年、新潟大学の椎野勇太と静岡大学の鈴木雄太郎は、ワーゲノコンカの模型を製作し、その生態を分析した研究を発表した。その研究によると、このスコップ状の殻には、何もせずともあらゆる方向からの水流が中に入ってくるという。そしてその水流は、二枚の殻の間にある極薄の空間の中で、わずかにある軟体部の影響を受けて触手の並びに沿うように流れ、わずかに開いた殻の隙間から外へ出ていく。

4-29 ワーゲノコンカ。ただそこにいるだけで、自然と食にありつけるという腕足動物。

つまり、水流の中に含まれている微小な有機物（餌）が、ただそこにいるだけで、自身の触手にまで自然に運ばれてくる。そんなしくみになっているという。

これは、椎野が「無気力戦略」と呼ぶ生存戦略である。デボン紀以降に繁栄した腕足動物にとくにみることができるつくりだ。

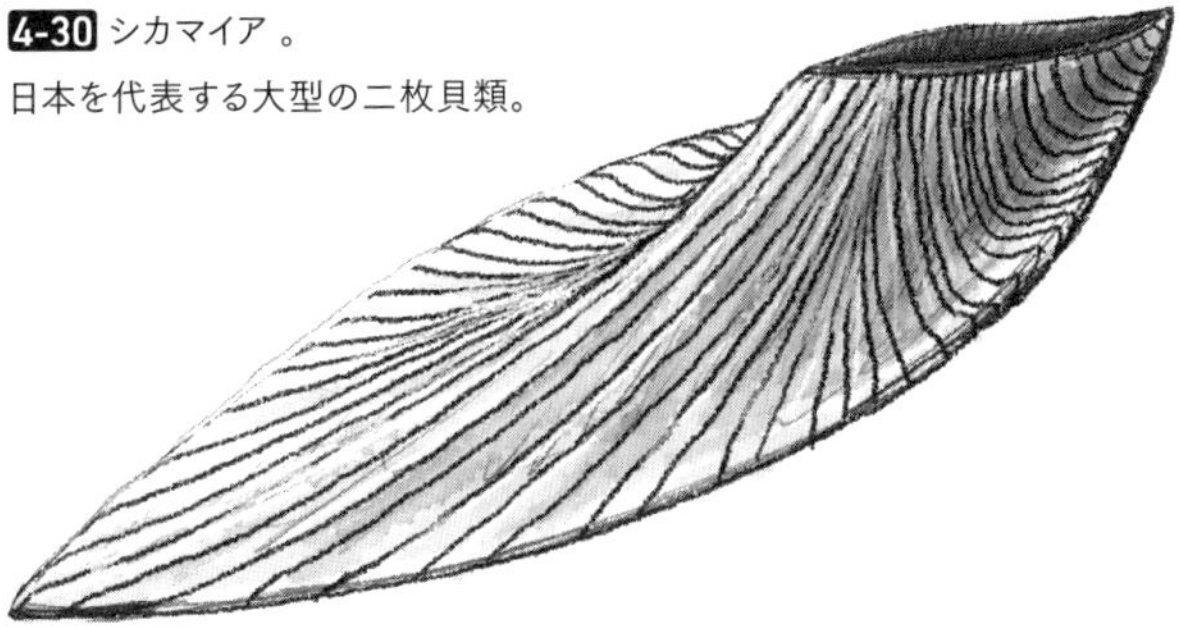

腕足動物もまた、ローピンジアン末に大いに数を減らす。そして現在に至るまで、再び繁栄することも、無気力戦略をさらに発展させることもなかった。

二枚貝類もカンブリア紀から現在までの歴史がある。ただし、その繁栄は中生代以降に本格化し、そして現在まで続いている。

そんな二枚貝類の中で、「ペルム紀のもの」として紹介すべきは、「**シカマイア**（*Shikamaia*）」だろう 4-30。この名前は、本書でも『古脊椎動物学図鑑』の著者として紹介してきた鹿間時夫にちなんでいる。

シカマイアの最初の化石は、岐阜県の石灰岩の中から発見された。その化石は断片的なものであったため、当初は正体がまったくわからず、「プロブレマティカ（所属不明の生物の化石）」の一

4-30 シカマイア 。
日本を代表する大型の二枚貝類。

つとして扱われた。のちに二枚貝類と判明し、現在では、日本以外でもマレーシアやアフガニスタンなどからも化石が発見されている。時代としては、シスウラリアンとグアダルピアンの境界付近に生きていた。

シカマイアの殻長は、1メートルを超える。これは、古今の二枚貝類の中で最大だ。形状は〝元・プロブレマティカ〟にふさわしい珍妙さがある。前半部はまるでサーフボードのように薄く、後半部の中央付近が盛り上がる。複数種が報告されており、種によって、この盛り上がり部分とその周辺の形状が異なる。そして、左右に真っ二つに分かれ、それぞれ左殻、右殻となる。

なぜ、こんなに珍妙な形状をしているのか？

2010年に刊行された『古生物学事典第2版』（編集：日本古生物学会）には、「古生態はいまだ明らかではないが」と断った上で、「海底面上に横臥し、光合成をする藻類を軟体部に共生させていたという説がある」と書かれている。

2017年、筑波大学の安里開士たちは、シカマイアの貝殻構造を詳細に分析し、その殻が光を透過させることには「不向き」であると指摘した。光が透過しなければ、殻の中で藻類が生きていくことはできない。

一方で、安里たちによって、殻の腹部（海底に接する面）に開口部があることが明らかにされた。この開口部から、軟体部を堆積物に突出させることができたという。化石が発見された石灰岩の分析から、この海底には有機物がヘドロ状に溜まっていたとされる。そこで、安里たちは、シカマイアはそんなヘドロの海底に生息し、殻の底からヘドロの中の硫化物を取り込んでいたのではないか、という仮説を提唱している。そして、自身の殻の内部で硫化物を餌とする細菌を共生させていたのではないか、というのだ。

ペルム紀の海には、無脊椎動物にも〝珍妙な種〟が多かった。世界は今も昔も広いのだ。

終章

夢の終わりがやってきた

約2億5200万年前、世界は滅びの時を迎えた。

史上最大・空前絶後の大量絶滅事件が勃発したのだ。

この事件によって、単弓類が優勢を誇った生態系は終焉し、約5億3900万年前から2億8700万年間にわたって続いてきた古生代の幕が下りる。

生命の歴史は、大小の無数の絶滅事件の繰り返しだ。その中で、とくに大規模な5回の絶滅事件を「ビッグ・ファイブ」と呼ぶ。

ハワイ大学（アメリカ）のスティーヴン・M・スタンレイが2016年にまとめた論文によると、ペルム紀末（ローピンジアン末）における海棲動物の種の絶滅率は、実に81パーセントに達したとされる。

ビッグ・ファイブは、もともと海棲の無脊椎動物の絶滅率に基づいて指摘されたものである。陸上においては地層そのものが風雨で削られていることもあり、化石が残っていないことが多い。そのため、陸の生命史は、海の生命史ほど連続的な記録がなく、絶滅に関する詳細が残っていない。また、海においても、無脊椎動物の化石の方が脊椎動物よりも圧倒的に個体数が多い。生命史を通して、その種類数の変動を調べるには、無脊椎動物に焦点を絞る方が絶滅事件を把握しやすいのだ。

もっとも、無脊椎動物は生態系の下位層を支える重要な構成員である。この構成員が絶滅によって数を減らせば、当然、上位層の脊椎動物たちも数を減らすことは容易に想像できる。細かい数字はちがうかもしれないが、海棲無脊椎動物の絶滅率は、海棲動物全体の絶滅率とリンクしているといえるだろう。

スタンレイが2016年にまとめたビッグ・ファイブは、海棲動物全体のデータに基づくものだ。そして、ペルム紀末の「81パーセント」という数字は、ビッグ・ファイブにおける最大値である。2番目に大きいとされるオルドビス紀末の値が約71パーセントなので、生命史にとっていかに段違いで、強烈だったのかがわかる。ちなみに、隕石(いんせき)衝突で有名な白亜紀末の大量絶滅事件の絶滅率は約67パーセントで、ビッグ・ファイブの第3位である。このときは、多くの陸棲動物（例えば恐竜類）も姿を消している。

ペルム紀末の陸棲動物の絶滅率については、2005年にイジコ・南アフリカ博物館のロジャー・スミスとジェニファー・ボタが発表した研究がある。この研究によると、南アフリカのカルー盆地における陸上脊椎動物の絶滅率は、69パーセントに達したとされている。スミスは、ワシントン大学

（アメリカ）のピーター・D・ワードと2001年にも論文を発表しており、この大量絶滅事件が5万年以下という短い期間に起きたことを指摘している。また、マイケル・J・ベントンは、著書『VERTEBRATE PALAEONTOLOGY』の第4版（2015年刊行）の中で自身の2013年の研究を引用し、「科」の分類レベルでみて両生類の36パーセント、有羊膜類の53パーセントが絶滅したとしている。この値は、当時の四足動物全体を構成する科のほぼ半数にあたるとのことだ。

2016年のスタンレイの論文では、グアダルピアン末にも大量絶滅事件があったことがまとめられている。このときの海棲動物の絶滅率は62パーセントだ。これは、ローピンジアン末、オルドビス紀末、白亜紀末に次ぐ規模の値である。

グアダルピアン末の大量絶滅事件は、陸においても報告されている。2006年にオレゴン大学（アメリカ）のグレゴリー・J・レタラックたちが発表した研究では、グアダルピアン末とローピンジアン末に世界各地で突如として植生が変わり、多くの陸上脊椎動物が滅んでいたことが示された。植生が変わったことによる〝食料の変化〟に、動物たちがついていけなかったのかもしれない。

グアダルピアン末のこの大量絶滅事件は、ビッグ・ファイブには数えられていない。しかし、ペルム紀の後半期に大規模な絶滅が2度にわたって続いていたことは、どうやら確からしい。グアダルピアン末にビッグ・ファイブ級の大量絶滅事件が発生し、その後、生態系が〝完全回復〟する前のローピンジアン末にビッグ・ファイブ第1位の〝超大量絶滅事件〟が発生した。この連続した絶滅事件が、古生代を終わらせたのかもしれない。

ペルム紀の後半期の地球に、いったい何が起きていたのだろうか？

みんな似て、そして、滅んでいった？

結論からいえば、ペルム紀末の大量絶滅事件に関しては、謎だらけだ。

しかし、手がかりがまったくない、というわけではない。

2019年、フンボルト博物館（ドイツ）のマーク・J・マクドゥーガルたちは、側爬虫類の「多様性の変化」に注目した論文を発表している。

側爬虫類は、前半期においてメソサウルス類やボロサウルス類（第3章第6節）、後半期においてパレイアサウルス類（第4章第5節）などが属していたグループだ。このグループはペルム紀の爬虫類における〝主流〟だったが、ペルム紀末の大量絶滅で激減し、その後、滅ぶことになる。

マクドゥーガルたちが注目したのは、「姿の多様性」だ。つまり、「変わった姿の種がどのくらいいたのか」という点が調べられた。

側爬虫類は、ペルム紀のほぼ全期間を通じて、種の数を増加させていった。まさしく〝主流〟である。彼らはペルム紀世界を謳歌していた。

一方、側爬虫類の姿の多様性は、シスウラリアンからグアダルピアンにかけて増加したのち、グアダルピアン半ばになると減少に転じた。

言い換えると、ペルム紀の後半期において、よく似た姿の側爬虫類ばかりが数を増やしていったのである。

これは危険な兆候といえる。往々にして、生物の姿には生態が反映されていることが多い。そして、特定のグループが生き残るためには、多様な構成者が必要だ。

例えば、ある一つの〝異常事態〟が発生し、地球の気候が激変するなどして、その変化についていけなくなった生態の種が滅んだとする。このとき、異なる生態の種がグループにいれば、グループとしては生き残ることができる。しかし、一つの生態に適応した種ばかりであれば、その種が生きていけない環境となった時点でグループごと全滅である。

姿（生態）の多様性は、グループの〝延命〟につながる可能性がある。そして、単弓類の歴史が証明しているように、生き残りさえすれば、のちの時代に〝復活〟を遂げることもあるのだ。

側爬虫類は、ペルム紀末の大量絶滅事件前に、よく似た姿ばかりとなっていた。その結果、ペルム紀末の大量絶滅事件を生き延びた種もグループの再繁栄につなげることなく、姿を消していく。

みんな、赤道から逃げていった？

２０２１年にノースウエスタン大学（アメリカ）のスコテーゼたちが発表した研究によると、ペルム紀を通じて地球は温暖化の傾向にあった。とくにローピンジアンには、急激な温暖化が起きた。ローピンジアンが始まった頃の地球の平均気温は20℃に満たなかったが、ローピンジアン末には平均気温は32℃に達したという。現代日本の基準でいうところの真夏日の気温が、年間平均気温だったのだ。

古生代以降の地球史において、最も気温の高い時期である。

これほどの高温となれば、地球で最も暑い赤道付近や低緯度地域にいたっては、かなり生き難い環境だったと予想できる。

とてもじゃないけれど、暑くてたまらない。

しかし、幸いにして超大陸の時代である。

赤道が暑いのなら、南北の中緯度地域や高緯度地域へ逃げれば良いのだ。すべての陸地は地続きなのだから。

この〝超高温期〟、赤道から脊椎動物の避難が起きていたのではないか。

かねてより、そんな指摘があった。

ただし、これを証明することが難しい。「オルソンのギャップ」の例が示唆するように、地球の地層は均等に残っているわけではない。化石は地層に残る。地層が少なければ、必然的に発見される化石も少なくなる。

「分布の拡大（＝元いた場所に留まった上で生息地を広げる）」ではなく、特定地域からの「逃亡（＝元いた場所からいなくなる）」をどのような方法で認識するのか？

「いない」をみつけるのは難題である。

それには、地層の偏りから生じる問題を解決し、別の視点で証明するしかない。

2018年、科学博物館（イタリア）のマッシーモ・ベルナルディたちは、「赤道から避難するとしたら、動物たちはこのように移動するのではないか」という想定のもと、避難経路のシミュレーションを行った。そして、世界各地の化石や地層のデータを統合し、シミュレーションと化石のデータが一致することを見いだした。「10～15度、極方向へ移動していたとみられる」とベルナルディたちは指摘している。そして、この〝避難〟は、三畳紀が始まってほどなく解除されたという。「高温期だけの疎開」だったわけだ。

温暖化の行き着く果て。そんな現象が、当時の地球で起きていたのかもしれない。

史上最大の大量絶滅をもたらしたトリガーは？

海と陸の生態系に大規模な変化をもたらした事件。その原因は何だったのだろうか？

重ねて書いておこう。結論からいえば、多くの研究者が認める「定説」と呼べるものはまだない。

大量絶滅事件の原因といえば、6600万年前（白亜紀末）の隕石衝突が有名だ。こちらは、多くの研究者が認める「定説」といえる。

白亜紀末当時、直径約10キロメートルの隕石が地球に落下し、地球表層を粉砕（ふんさい）した。その細かな塵（ちり）が大気中に漂うことで日光が遮（さえぎ）られ、全地球的に寒冷化が起きたという。

この寒冷化は、「衝突の冬」と呼ばれている。この寒冷化で、恐竜類をはじめとして、多くの生物が姿を消していく。

同じことがペルム紀末にも起きたのだろうか？

どうもそうではないらしい。

まず、白亜紀末の大量絶滅事件のような、巨大隕石が落下した直接証拠となるクレーターが発見されていない。

そして、当時の地球に起きていたのは、〝赤道からの避難〟が起きるほどの「超温暖化」だった。衝突の冬――寒冷化ではないのだ。

海洋から酸素が消えたことが原因ではないか、という説もある。

確かに、多くのデータが、海洋が貧酸素・無酸素になったことを指摘している。海に溶けている酸素が極端に少なくなれば、海洋動物は呼吸ができなくなり、死んでいく。そして、海洋の酸素が少なくなることは、地球史でしばしば発生している。例えば、日射量が少なくなれば、植物プランクトンの光合成量が低下し、酸素は減る。

しかしなぜ、海洋の貧酸素化・無酸素化が、陸の動物にも影響を与えたのかがわからない。大量絶滅事件は、海だけではなく、陸でも起きている。

火山の大規模噴火が原因ではないか、という説もある。

この時期、シベリアで大規模な火山活動があり、大量の溶岩が噴出（ふんしゅつ）したことがわかっている。

２００９年にレスター大学（イギリス）のアンディ・サウンダースとマーク・ライコーが発表した論文によると、このときに噴き出た溶岩は５００万平方キロメートルに広がり、場所によっては、12キロメートルの厚さになったという。面積は日本列島13個分、厚さは富士山4個分に相当する値だ。サウンダースとライコーの計算によると、体積は3000立方キロメートルに達したとされる。

ここで指摘されたのは、「短期的な寒冷化」と「長期的な温暖化」だ。

火山が噴火すると、大量の塵が噴出する。この塵が大気中に漂って日光を遮ることにより短期的な寒冷化が起きる。

一方で、火山が噴火すると、大量の二酸化炭素も噴出する。二酸化炭素には、温室効果の作用がある。これによって、長期的な温暖化を招いた。

こうした仮説を統合し、さらに、宇宙線の影響まで考慮した仮説も存在する。

それは、2000年代に東京大学の磯﨑行雄が提唱したもので、大規模噴火を起こすほどマグマが生まれるためには、地球内部にも大きな変化があったという考えに端を発する仮説である。これにより、地球の磁場が乱れ、宇宙線が大気圏内へと入ってきた。この宇宙線の影響で雲が増えて、まず、寒冷化が起きたという。次いで発生した大規模噴火によって噴き出た温室効果ガスが温暖化を引き起こした。

また、磁場の乱れは2度にわたって発生し、グアダルピアン末に起きた地球内部の変化は中国南部の火山活動を活発化させ、ローピンジアン末にはシベリアの火山活動を誘発して、それが大量絶滅事件の決定打になったとしている。

2016年には、東北大学の海保邦夫たちが、別の視点から仮説を発表している。

海保たちの研究では、ローピンジアン末に、大規模な土壌流出が起きていたことが示された。そのきっかけは、シベリアの火山活動であるという。

火山活動で大気中にばらまかれた塵によって寒冷化が起きた。寒冷化が起きると、植物が枯れる。植物が枯れると植物食動物の数が減少する。植物食動物の数が減ると肉食動物が減んでいく。こうして、陸上生態系が崩壊する。

一方、植物の根が支えていた土壌は、植物が枯れたことで〝緩く〟なる。その結果、土壌が海に流れやすくなる。土壌が流れ込んだ浅海では、土壌中の栄養分によって生物が増える。その生物が酸素を消費してしまうので、浅海は無酸素化する。浅海生態系の崩壊だ。

次いでやってくるのは、火山ガスによる温暖化だ。温暖化が進展すると、海洋の垂直方向の循環（じゅんかん）が鈍ることが指摘されている。海水の〝かき混ぜ〟が弱くなるのだ。その結果、ただでさえ浅海が無酸素化しているのに、深海にも酸素が行き渡らなくなる。そして深海も無酸素化して、深海生物も減んでいったという。

いずれにしろ、〝風が吹けば桶屋が儲かる〟的連鎖があったといえそうだ。

ただし、「風」に相当するトリガーや、「三味線」「ネコ」「ネズミ」などのピースは、まだ揃（そろ）っていない。

絶体絶命を生き延びた者

再び「リストロサウルス」に注目しよう。第4章第3節で登場した〝鼻の下〟が長いディキノドン類である。

リストロサウルス属には、複数の種が存在する。しかも、その複数の種は、同じ地域に暮らしていた。2007年に南アフリカ国立博物館のジェニファー・ボタと、南アフリカ博物館のロジャー・M・H・スミスが発表した研究によると、同じ地域に暮らすリストロサウルス属であっても、ローピンジアン末の大量絶滅事件を生き延びた種と、生き延びることができなかった種がいるという。

両者は別種であるとはいえ、同属である。専門家でもなければ、なかなか見分けが難しいほどに、その姿は互(たが)いに似ている。

そのため、ボタとスミスは、ローピンジアン末の大量絶滅事件を生き延びることができた要因は、姿以外にあるとしている。

つまり、よく似た姿をしていても、種によって生態が異なっていた可能性があるという。第4章第3節では、半水半陸の生態を紹介したけれども、穴を掘って地中で暮らす種もいたのかもしれないし、完全な陸棲種もいたかもしれない。そう、ボタとスミスは指摘しているのだ。

私たちは、まだその生態のちがいを認識していないだけで、そのちがいが近縁種の中の命運を分けたのかもしれない。

謎だらけのペルム紀末の大量絶滅事件。しかし、その謎を解く手がかりは、さまざまな場所に眠っている。

ペルム紀末の大量絶滅事件が終わり、再び生命史の幕が上がった時、始まる物語は、ペルム紀では少数派だった真爬虫類を主演とする「中生代」である。

いわゆる「恐竜時代」だ。

単弓類が生態系の頂点を奪還するためには、その後、1億8600万年もの時間を必要とする。

長い長い雌伏（しふく）の時代のはじまりである。

あとがき ――〝失われた世界〟をあなたに

人類は、2種類に分けることができるでしょう。

ディメトロドンを見て、「恐竜だ！」と叫ぶ人々と、そんな人々を見て「いやいや、恐竜ではなくて……」と諭す人です。

……というほどに、後者の人口は多くなさそうですけれど。

「そうだよなー。ディメトロドンって、恐竜じゃないんだよ」

恐竜に興味をもち、〝恐竜の一歩先〟に眼を向けたとき、多くの場合で出会うことになるディメトロドン。この「あとがき」を執筆する直前に公開された映画『ジュラシック・ワールド／新たなる支配者』にも登場し、ついにシリーズデビューを果たしました。

それはそれで大変喜ばしいことなのですが、ディメトロドンを恐竜と認識してしまう人々の多いこと。かねてより古生物に親しんできた同志のみなさんには、嬉しくも悩ましい機会に直面されているのではないかと思います（映画に限らず、昔からのお話と思います）。

せっかくなのだから、ディメトロドンを突破口にして、恐竜時代直前の古生物の魅力をみなさんに知っていただく。

本書がそんな〝布教〟の一助になれば、嬉しいです。

本書で、初めてペルム紀の古生物たちに触れられたみなさんは、ぜひ、〝推しの古生物〟をみつけてください。そして、「ディメトロドンは恐竜ではなくて……」「恐竜よりも前にね……」と、今後の話題のきっかけの一つに加えていただければと思います。古生物を学ぶ古生物学は、広大にして深淵、エンターテイメント性の溢れるサイエンスです。さまざまな切り口で、ぜひ、このサイエンスを楽しむことを、あなたの趣味の一つに加えていただければ、筆者としては至上の喜びです。博物館や本などは、きっとあなたの知的探究心を刺激し、知的好奇心に向き合ってくれるはずです。

本書で紹介したように、ペルム紀には（も）、ディメトロドン以外にも〝推せる古生物〟はたくさんいます。小さな頭とでっぷり胴体のコティロリンクスはその生態が謎すぎますし、長い牙をもつイノストランケヴィアには怖さを感じます。三角頭のディプロカウルスは一度見たら忘れないインパクト、そして、穴の中で寄り添うディイクトドンには愛らしさを感じずにはいられません。

これほどの〝推せる古生物〟に恵まれながら、中生代の恐竜類や、カンブリア紀の〝奇天烈な動物たち〟と比較すると、今一つ……いや、今三つくらい知名度が低いことが、ペルム紀古生物の悲しいところです。

ペルム紀の古生物、もっともっと知られて良いと思います。

本書は、佐野市葛生化石館にご監修いただきました。とくに学芸員の奥村よほ子さんには、掲載種の選抜から資料の確認、原稿のチェック、イラストのチェックなど、多岐にわたるご協力をいただきました。ありがとうございます。第2章でも紹介しましたが、同館はペルム紀古生物の展示が多い博物館の一つです。未訪問の方、おすすめです。すでに訪問されたことがある方も、本書を片手に再訪問はいかがでしょうか？

「ペルム紀の古生物もオモシロですよ」という筆者の誘いに乗ってくれた編集者は、ブックマン社の藤本淳子さん。藤本さんと組んでつくる本は、『アノマロカリス解体新書』『恋する化石』に次いで、本書で3冊目です。2冊とも、本書を楽しんでいただいた方には、とくにおすすめです。未読の方はぜひ！

60点以上に及ぶイラストは、かわさきしゅんいちさん。筆者の知る限り、少なくとも和書でこれほど多くのディメトロドンが掲載されている本はないはずです。もちろん、ディメトロドンに限らず、すべてのイラストが秀逸！　いつも素晴らしい作品をありがとうございます。

デザインは、井上人輔さんです。とくにカバーデザイン、カッコ良い！　感謝いたします。

本書を手にとり、ここまでお読みいただきました皆様、ありがとうございます。

本書は2020年春に始動し、2年と数か月の時間をかけて出版へとたどりつきました。終わりの見えないコロナ禍と、ロシアによるウクライナ侵攻……。世界の〝不安〟は、企画始動前よりも大きくなっているように思えます。企画始動当初は、ここまで〝不安〟が続くことになるとは思っていませんでした。

そんな世界で、古生物学はみなさんの心を照らすエンターテイメント・サイエンスになると信じています。魅惑的な古生物たちは、知的好奇心をくすぐり、知的探究心を呼び起こし、そして何よりもシンプルに面白い。

願わくば、本書を読んだみなさんが少しでも心弾み、笑顔になっていただけますように。

2022年夏　サイエンスライター　土屋　健

もっと詳しく知りたい読者のための参考資料

本書を執筆するにあたり、とくに参考にした主要な文献は次の通り。※本書に登場する年代値は、とくに断りのないかぎり International Commission on Stratigraphy, 2022/02, INTERNATIONAL STRATIGRAPHIC CHART を使用している。　※なお、本文中で紹介している論文等の執筆者の所属は、とくに言及がない限り、その論文等の発表時点のものであり、必ずしも現在の所属ではない点に注意されたい。

序章

一般書籍

『アノマロカリス解体新書』監修：田中源吾，著：土屋 健，絵：かわさきしゅんいち，2020年刊行，ブックマン社
『エディアカラ紀・カンブリア紀の生物』監修：群馬県立自然史博物館，著：土屋 健，2013年刊行，技術評論社
『生命と地球の進化アトラス2』著：ドゥーガル・ディクソン，監訳：小畠郁生，2003年刊行，朝倉書店
『生命の大進化40億年史 古生代編』監修：群馬県立自然史博物館，著：土屋 健，2022年刊行，講談社

学術論文など

Takayuki Tashiro, Akizumi Ishida, Masako Hori, Motoko Igisu, Mizuho Koike, Pauline Méjean, Naoto Takahata, Yuji Sano, Tsuyoshi Komiya, 2017, Early trace of life from 3.95 Ga sedimentary rocks in Labrador, Canada, Nature, vol.549, p516-518

第1章

一般書籍

『古脊椎動物図鑑』著：鹿間時夫，1979年刊行，朝倉書店
『古生物学事典 第2版』編：日本古生物学会，2010年刊行，朝倉書店
『石炭紀・ペルム紀の生物』監修：群馬県立自然史博物館，著：土屋 健，2014年刊行，技術評論社
『地球生命 水際の興亡史』監修：松本涼子，小林快次，田中嘉寛，著：土屋 健，イラスト：かわさきしゅんいち，2021年刊行，技術評論社
『歯の比較解剖学第2版』編：後藤仁敏，大泰司紀之，田畑純，花村肇，佐藤巌，著：石山巳喜夫，伊藤徹魯，犬塚則久，大泰司紀之，後藤仁敏，駒田格知，笹川一郎，佐藤巌，茂原信生，瀬戸口烈司，田畑純，花村肇，前田喜四雄，2014年刊行，医歯薬出版
『AMPHIBIAN BIOLOGY VOLUME4』編：Harold Heatwole，Robert L. Carroll，2000年刊行，Surrey Beatty & Sons
『Amphibian Evolution』著：Rainer R. Schoch，2014年刊行，WILEY-BLACK WELL
『EARTH BEFORE THE DINOSAURS』著：Sébastien Steyer，2012年刊行，Indiana Unibersity Press
『Forerunners of Mammals』編：Anusuya Chinsamy-Turan，2011年刊行，Indiana University Press
『GAINING GROUND SECOND EDITION』著：Jenifer A. Clack, 2012年刊行，Indiana University Press
『Mammalian Evolution, Diversity and Systematics』編：Frank E. Zachos, Robert J. Asher, 2018年刊行，De Gruyter
『REVIEW OF THE PELYCOSAURIA』著：A. S. Romer, L. W. Price, 1940年刊行，THE SOCIETY
『ROBERT BROOM COMMEMORATIVE VOLUME』編：Alex L. Du Toit，1948年刊行，THE SOCIETY
『The Age of Dinosaurs in Russia and Mongolia』編：Michael J. Benton，Mikhail A. Shishkin，David M. Unwin, Evgenii N. Kurochkin，2000年刊行，Cambridge University Press
『The Ecology and Biology of Mammal-like Reptiles』編：Nicholas Hotton III, Paul D. MacLean, Jan J. Roth, E. Carol Roth，1986年刊行，Smithsonian Inst Pr
『The Origin and Evolution of Mammals』著：T. S. Kemp，2005年刊行，Oxford University Press
『VERTEBRATE PALAEONTOLOGY 4th edition』著：Michael J. Benton，2014年刊行，Wiley-Blackwell

WEBサイト

気象庁，https://www.jma.go.jp/

キプロスの気候，地球の歩き方，https://www.arukikata.co.jp/weather/CY/
厚生労働省，https://www.mhlw.go.jp/
JRA日本中央競馬協会，https://www.jra.go.jp/
Revision of the Pelycosauria of North America, Internet Archive, https://archive.org/details/bub_gb_7QMDAAAAIAAJ/mode/2up

学術論文など

A. R. I. Cruickshank, 1973, The mode of life of Gorgonopsians, Palaeont. afr., 15, p65-67
A. R. I. Cruickshank, B. W. Skews, 1980, The functional significance of nectridean tabular horns (Amphibia: Lepospondyli), Proc.R. Soc. Lond. B., 209, p513-537
Alfred S. Romer, 1927, Notes on the Permo-Carboniferous reptile Dimetrodon, THE JOURNAL OF GEOLOGY, vol.XXXV, no.8, p673-689
Amanda K. Cantrell, Thomas L. Suazo, Kenneth L. Mckeighen Jr., Henry W. Mckeighen, Spencer G. Lucas, Susan K. Harris, Justin A. Spielmann, Larry F. Rinehart, 2011, *Dimetrodon* (Eupelycosauria: Sphenacodontidae) from the Lower Permian Abo Formation, Socorro and Torrance counties, New Mexico, Fossil Record 3. New Mexico Museum of Natural History and Science, Bulletin, 53, p34-37
C. D. Bramwell, P. B. Fellgett, 1973, Thermal regulation in Sail Lizard, Nature, vol.242, p203-205
Christian F. Kammerer, 2016, Systematics of the Rubidgeinae (Therapsida: Gorgonopsia), PeerJ, 4:e1608; DOI 10.7717/ peerj.1608
Damien Germain, 2010, The Moroccan diplocaulid: the last lepospondyl, the single one on Gondwana, Historical Biology: An International Journal of Paleobiology, vol.22, no.1-3, p4-39
Dan. S. Chaney, Hans-Dieter Sues, William A. DiMichele, 2005, A juvenile skeleton of the nectridean amphibian *Diplocaulus* and associated flora and fauna from the Mitchell Creek Flats locality (Upper Waggoner Ranch Formation; Early Permian), Baylor County, north-central Texas, USA., New Mexico Museum of Natural History & Science Bulletin 30, p39
David S Berman, Robert R. Reisz, Thomas Martens, Amy C. Henrici, 2001, A new species of *Dimetrodon* (Synapsida: Sphenacodontidae) from the Lower Permian of Germany records first occurrence of genus outside of North America, Can. J. Earth Sci. 38, p 803–812
E. D. Cope, 1878, Descriptions of Extinct Batrachia and Reptilia from the Permian Formation of Texas, Proceedings of the American Philosophical Society, vol.17, no. 101, p505-530
Elizabeth A. Rega, Ken Noriega, Stuart S. Sumida, Adam Huttenlocker, Andrew Lee, Brett Kennedy, 2012, Healed Fractures in the Neural Spines of an Associated Skeleton of *Dimetrodon*: Implications for Dorsal Sail Morphology and Function, Fieldiana Life and Earth Sciences, no.5, p104-111
Eva V. I. Gebauer, 2007, Phylogeny and Evolution of the Gorgonopsia with a Special Reference to the Skull and Skeleton of GPIT/RE/7113 ('*Aelurognathus*?' *parringtoni*), Dissertation zur Erlangung des Grades eines Doktors der Naturwissenschaften, der Geowissenschaftlichen Fakultät der Eberhard-Karls Universität Tübingen
Everett Claire Olson, 1951, Diplocaulus, A study in growth and variation, Fieldiana : Geology, vol.11, no.2
G. A. Florides, L. C. Wrobel, S. A. Kalogirou, S. A. Tassou, 1999, A thermal model for reptiles and pelycosaurs, Journal of Thermal Biology, vol.24, p1-13
G. A. Florides, S. A. Kalogirou, S. A. Tassou, L. Wrobel, 2001, Natural environment and thermal behaviour of *Dimetrodon limbatus*, Journal of Thermal Biology, vol.26, p15–20
Herman Douthitt, 1917, The structure and relationships of Diplocaulus, Contributions from Walker Museum, vol. II , no. I
K. D. Angielczyk, L. Schmitz, 2014, Nocturnality in synapsids predates the origin of mammals by over 100 million years, Proc. R. Soc. B, vol.281, 20141642, http://dx.doi.org/10.1098/rspb.2014.1642
Kirstin S. Brink, Robert R. Reisz, 2014, Hidden dental diversity in the oldest terrestrial apex predator *Dimetrodon*, Nat. Commun., 5, 3269, https://doi.org/10.1038/ncomms4269
Larry F. Rinehart, Spencer G. Lucas, 2013, Tooth form and Function in Temnospondyl amphibians: relationship of shape to applied stress, The Triassic System. New Mexico Museum of Natural History and Science, Bulletin, 61, p533-542
M. R. Whitney, A. R. H. LeBlanc, A. R. Reynolds, K. S. Brink, 2020, Convergent dental adaptations in the

serrations of hypercarnivorous synapsids and dinosaurs, Biol. Lett., 16: 20200750, https://doi.org/10.1098/rsbl.2020.0750
Steven C. Haack, 1986, A thermal model of the sailback pelycosaur, Paleobiology, 12(4), p450-458
Sonia Quemeneur, Vivian de Buffrénil. Michel Laurin, 2013, Microanatomy of the amniote femur and inference of lifestyle in limbed vertebrates, Biological Journal of the Linnean Society, vol.109, p644–655
V. Amalitzky, 1922, Diagnoses of the new forms of Vertebrates and Plants from the Upper Permian on North Dvina, Bulletin de l'Acad´emie des Sciences de Russie, vol.16, p329–340

第2章

一般書籍

『化石の探偵術』監修：ロバート・ジェンキンス，著：土屋 健，イラスト：ツク之助，2020年刊行
『学研の図鑑LIVE 古生物』監修：加藤太一，2017年刊行，学研プラス
『講談社の動く図鑑move 大むかしの生きもの』監修：群馬県立自然史博物館，2020年刊行
『古生物食堂』監修：松郷庵甚五郎二代目，古生物食堂研究者チーム，著：土屋 健，絵：黒丸，2019年刊行，技術評論社
『小学館の学習百科図鑑15 大むかしの生物』編：八杉龍一，浜田隆士，1976年刊行，小学館
『小学館の図鑑NEO 大むかしの生物』監修：日本古生物学会，2004年刊行，小学館
『しんかのお話365』協力：日本古生物学会，著：土屋 健，2017年刊行，技術評論社
『石炭紀・ペルム紀の生物』監修：群馬県立自然史博物館，著：土屋 健，2014年刊行，技術評論社
『絶滅酒場 3巻』著：黒丸，2019年刊行，少年画報社
『地球生命 水際の興亡史』監修：松本涼子，小林快次，田中嘉寛，著：土屋 健，イラスト：かわさきしゅんいち，2021年刊行，技術評論社
『日本の古生物たち』監修：芝原暁彦，著：土屋 健，絵：ACTOW，2019年刊行，笠倉出版社
『ポプラディア大図鑑 WONDA 大昔の生きもの』監修：大橋智之，奥村よほ子，川辺文久，木村敏之，小林快次，高桑祐司，中島礼，著：土屋 健，2014年刊行

WEBサイト

恐竜おもちゃの博物館，https://www.dinotoymuseum.com/
巨大二枚貝の復元模型を展示する「大垣市金生山化石館」の館長、高木 洋一さん，大垣地域ポータルサイト，https://www.nisimino.com/nisimino/person/40_index_msg.shtml
倉敷市自然史博物館，https://www.city.kurashiki.okayama.jp/musnat/
ゾイド オフィシャルサイト，TAKARA TOMY，https://www.takaratomy.co.jp/products/zoids/
夜久野地域の大地と化石，福知山市，https://www.city.fukuchiyama.lg.jp/soshiki/7/1159.html
わんぱく王国，阪南市，https://www.city.hannan.lg.jp/kakuka/toshi/douro/koenkankei/wanpaku.html

学術論文など

金生山の地質図，2013年，大垣市金生山化石館化石館だより，no.32
御前明洋，永広昌之，2004年，南部北上山地，上八瀬-飯森地域に分布する中部ペルム系の層序と地質年代，地質学雑誌，vol.110，no.3，p129-145

第3章

一般書籍

『エディアカラ紀・カンブリア紀の生物』監修：群馬県立自然史博物館，著：土屋 健，2013年刊行，技術評論社
『オルドビス紀・シルル紀の生物』監修：群馬県立自然史博物館，著：土屋 健，2013年刊行，技術評論社
『海洋生命5億年史』監修：田中源吾，冨田武照，小西卓哉，田中嘉寛，著：土屋 健，2018年刊行，文藝春秋
『古脊椎動物図鑑』著：鹿間時夫，1979年刊行，朝倉書店
『新版 絶滅哺乳類図鑑』著：冨田幸光，伊藤丙男，岡本泰子，2011年刊行，丸善株式会社
『生命と地球の進化アトラス2』著：ドゥーガル・ディクソン，監訳：小畠郁生，2003年刊行，朝倉書店

『石炭紀・ペルム紀の生物』監修：群馬県立自然史博物館，著：土屋 健，2014年刊行，技術評論社
『デボン紀の生物』監修：群馬県立自然史博物館，著：土屋 健，2014年刊行，技術評論社
『Early Evolutionary History of the Synapsida』編：Christian F. Kammerer, Kenneth D. Angielczyk, Jörg Fröbisch, 2014年刊行, Springer
『EARTH BEFORE THE DINOSAURS』著：Sébastien Steyer，2012年刊行，Indiana Unibersity Press
『Evolution of Herbivory in Terrestrial Vertebrates』編：Hans-Dieter Sues，2000年刊行，Cambridge University Press
『Forerunners of Mammals』編：Anusuya Chinsamy-Turan，2011年刊行，Indiana University Press
『Mammalian Evolution, Diversity and Systematics』編：Frank E. Zachos, Robert J. Asher，2018年刊行，De Gruyter
『REVIEW OF THE PELYCOSAURIA』著：A. S. Romer, L. W. Price, 1940年刊行，THE SOCIETY
『Temnospondyli I - Handbook of Paleoherpetology Part 3A2』著： Rainer R. Schoch, Andrew R. Milner，2014年刊行，Verlag F. Pfeil
『The Ecology and Biology of Mammal-like Reptiles』編：Nicholas Hotton III，Paul D. Maclean, Jan J. Roth, E. Carol Roth，1986年，Smithsonian
『The Marshall Illustrated Encyclopedia of Dinosaurs and Prehistoric Animals』著：Douglas Palmer，1999年刊行，Marshall Editions
『The Origin and Evolution of Mammals』著：T. S. Kemp，2005年刊行，Oxford University Press
『The RISE of AMPHIBIANS』著：Robert Carroll，2009年刊行，The Johns Hopkins University Press

WEBサイト

環境省，https://www.env.go.jp/

学術論文など

A. R. H. LeBlanc, M. J. MacDougall, Y. Haridy, D. Scott, R. R. Reisz, 2018, Caudal autotomy as anti-predatory behaviour in Palaeozoic reptiles, Sci Rep 8, 3328, https://doi.org/10.1038/s41598-018-21526-3
Christen Shelton, P. Martin Sander, 2015, *Ophiacodon* long bone histology: the earliest occurrence of FLB in the mammalian stem lineage, PeerJ Preprints, DOI: 10.7287/peerj.preprints.1027v1
Christopher R. Scotese, Haijun Song, Benjamin J. W. Mills, Douwe G. van der Meer, 2021, Phanerozoic paleotemperatures: The earth's changing climate during the last 540 million years, Earth-Science Reviews, 215, 103503
David P. Ford, Roger B. J. Benson, 2018, A redescription of *Orovenator mayorum* (Sauropsida, Diapsida) using high-resolution μCT, and the consequences for early amniote phylogeny, Papers in Palaeontology, p1–43
George Edward Lewis, Peter Paul Vaughn, Donald Baird, 1965, Early Permian vertebrates from the Culter Formation of the Placerville area, Colorado, with a section on footprints from the Cutler Formation, Professional Paper 503-C
Graciela Piñeiro, Jorge Ferigolo, Melitta Meneghel, Michel Laurin, 2012, The oldest known amniotic embryos suggest viviparity in mesosaurs, Historical Biology, An International Journal of Paleobiology, vol.24, no.6, p620-p630
Hans-Dieter Sues, Robert R. Reisz, 1998, Origins and early evolution of herbivory in tetrapods, TREE, vol.13, no.4, p141-145
Joseph L. Tomkins, Natasha R. LeBas, Mark P. Witton, David M. Martill, Stuart Humphries, 2010, Positive Allometry and the Prehistory of Sexual Selection, The American Naturalist, vol.176, no.2, p141-148
K. D. Angielczyk, L. Schmitz, 2014, Nocturnality in synapsids predates the origin of mammals by over 100 million years, Proc. R. Soc. B, 281:20141642, http://dx.doi.org/10.1098/rspb.2014.1642
Kirstin S. Brink, Hillary C. Maddin, David C. Evans, Robert R. Reisz, 2015, Re-evaluation of the historic Canadian fossil *Bathygnathus borealis* from the Early Permian of Prince Edward Island, Can. J. Earth Sci., 52, p1109–1120, https://doi.org/10.1139/cjes-2015-0100
Kirstin S. Brink, Robert R. Reisz, 2014, Hidden dental diversity in the oldest terrestrial apex predator *Dimetrodon*, Nat. Commun., 5, 3269, https://doi.org/10.1038/ncomms4269
Leif Tapanila, Jesse Pruitt, Alan Pradel, Cheryl D. Wilga, Jason B. Ramsay, Robert Schlader, Dominique

A. Didier, 2013, Jaws for a spiral-tooth whorl: CT images reveal novel adaptation and phylogeny in fossil *Helicoprion*, Biol. Lett., vol.9, 20130057
Leif Tapanila, Jesse Pruitt, Cheryl, D. Wilga, Alan Pradel, 2020, Saws, scissors and sharks: Late Paleozoic experimentation with symphyseal dentition, The Anatomical Record, vol.303, Issue2, p363-376
Mark J. MacDougall, Antoine Verrière, Tanja Wintrich, Aaron R. H. LeBlanc, Vincent Fernandez, Jörg Fröbisch, 2020, Conflicting evidence for the use of caudal autotomy in mesosaurs, Sci. Rep., 10, 7184, https://doi.org/10.1038/s41598-020-63625-0
Markus Lambertz, Christen D. Shelton, Frederik Spindler, Steven F. Perry, 2016, A caseian point for the evolution of a diaphragm homologue among the earliest synapsids, Ann. N.Y. Acad. Sci., 1385(1), p3-20. doi: 10.1111/nyas.13264
Rainer R. Schoch, 2009, Evolution of Life Cycles in Early Amphibians, Annu. Rev. Earth Planet. Sci., 37, p135–162
Robert R. Reisz, David S. Berman, Diane Scott, 1992, The cranial anatomy and relationships of *Secodontosaurus*, an unusual mammal-like reptile (Synapsida: Sphenacodontidae) from the early Permian of Texas, Zoological Journal of the Linnean Society, vol.104, p127-184
Robert R. Reisz, Diane Scott, Sean P. Modesto, 2022, Cranial Anatomy of the Caseid Synapsid *Cotylorhynchus romeri*, a Large Terrestrial Herbivore From the Lower Permian of Oklahoma, U.S.A, Front. Earth Sci., 10:847560. doi: 10.3389/feart.2022.847560
Steven C. Haack, 1986, A thermal model of the sailback pelycosaur, Paleobiology, 12(4), p450-458

第4章

一般書籍

『恋する化石』監修：千葉謙太郎，田中康平，前田晴良，冨田武照，木村由莉，神谷隆宏，著：土屋 健，絵：ツク之助，2021年刊行，ブックマン社
『機能獲得の進化史』監修：群馬県立自然史博物館，著：土屋 健，イラスト：かわさきしゅんいち，藤井康文，2021年刊行，みすず書房
『古生物学事典 第2版』編：日本古生物学会，2010年刊行，朝倉書店
『古第三紀・新第三紀・第四紀の生物』監修：群馬県立自然史博物館，著：土屋 健，2016年刊行，技術評論社
『新版 絶滅哺乳類図鑑』著：冨田幸光，伊藤丙男，岡本泰子，2011年刊行，丸善株式会社
『石炭紀・ペルム紀の生物』監修：群馬県立自然史博物館，著：土屋 健，2014年刊行，技術評論社
『ゼロから楽しむ古生物 姿かたちの移り変わり』監修：芝原暁彦，著：土屋 健，イラスト：土屋 香，2021年刊行，技術評論社
『東大古生物学』編：佐々木 猛智，伊藤 泰弘，写真：山田昭順，2012年刊行，東海大学出版会
『日本の古生物たち』監修：芝原暁彦，著：土屋 健，2019年刊行，笠倉出版社
『Early Evolutionary History of the Synapsida』編：Christian F. Kammerer，Kenneth D. Angielczyk，Joerg Froebisch，2013年刊行，Springer
『EARTH BEFORE THE DINOSAURS』著：Sébastien Steyer，2012年刊行，Indiana Unibersity Press
『Evolution of Herbivory in Terrestrial Vertebrates』編：Hans-Dieter Sues, 2000年刊行，Cambridge University Press
『Forerunners of Mammals』編：Anusuya Chinsamy-Turan，2011年刊行，Indiana University Press
『FOSSIL CRINOIDS』編：H. Hess, W. I. Ausich, C. E. Brett, M. J. Simms，1999年刊行，Cambridge University Press
『Gorgon』著：Peter Ward，2004年刊行，Viking Adult
『Mammalian Evolution, Diversity and Systematics』編：Frank E. Zachos, Robert J. Asher, 2018年刊行，De Gruyter
『Mammal-like Reptiles and the Origin of Mammals』著：T. S. Kemp，1983年刊行，Academic Pr
『SABERTOOTH』著：Mauricio Antón，2013年刊行，Indiana University Press
『SPECIAL PAPERS IN PALEONTOLOGY 70 Trilobites and their relative』編：Philip D. Lane, Derek J. Siveter, Richard A. Fortey，2004年刊行，Wiley
『The Ecology and Biology of Mammal-like Reptiles』編：Nicholas Hotton III，Paul D. Maclean，Jan J.

Roth, E. Carol Roth, 1986年, Smithsonian
『The Origin and Evolution of Mammals』著：T. S. Kemp, 2005年刊行, Oxford University Press
『VERTEBRATE PALAEONTOLOGY 4th edition』著：Michael J. Benton, 2014年刊行, Wiley-Blackwell

WEBサイト

気象庁, https://www.jma.go.jp/

学術論文など

Adam C. Pritchard, Hans-Dieter Sues, Diane Scott, Robert R. Reisz, 2021, Osteology, relationships and functional morphology of *Weigeltisaurus jaekeli* (Diapsida, Weigeltisauridae) based on a complete skeleton from the Upper Permian Kupferschiefer of Germany, PeerJ, 9:e11413 DOI 10.7717/peerj.11413

A Kriloff, D Germain, A Canoville, P Vincent, M Sache, M Laurin, 2008, Evolution of bone microanatomy of the tetrapod tibia and its use in palaeobiological inference, J Evol Biol, 21(3), p807-26, doi: 10.1111/j.1420-9101.2008.01512.x

A. R. I. Cruickshank, A.W. Keyser, 1984, Remarks on the Genus *Geikia* Newton, 1893, and its relationships with other dicynodonts : (Reptilia : Therapsida), Trans. geol. soc. S. Afr., vol.87, p35-39

C. Barry Cox, P. Hutchinson, 1991, Fishes and amphibians from the Late Permian Pedra de Fogo Formation of northern Brazil, Palaeontology, vol.34, part3, p561-573

Christian F. Kammerer, 2016, Systematics of the Rubidgeinae (Therapsida: Gorgonopsia), PeerJ, 4:e1608; DOI 10.7717/ peerj.1608

Christian F. Kammerer, Vladimir Masyutin, 2018, Gorgonopsian therapsids (*Nochnitsa* gen. nov. and *Viatkogorgon*) from the Permian Kotelnich locality of Russia, PeerJ, 6:e4954; DOI 10.7717/peerj.4954

Christopher R. Scotese, Haijun Song, Benjamin J.W. Mills, Douwe G. van der Meer, 2021, Phanerozoic paleotemperatures: The earth's changing climate during the last 540 million years, Earth-Science Reviews, 215, 103503

Corwin Sullivan, Robert R. Reisz, Roger M. H. Smith, 2003, The Permian mammal-like herbivore *Diictodon*, the oldest known example of sexually dimorphic armament, Proc. R. Soc. Lond. B, 270, p173-178

Eberhard Frey, Hans-Dieter Sues, Wolfgang Munk, 1997, Gliding Mechanism in the Late Permian Reptile *Coelurosauravus*, Science, vol. 275, p1450-p1452

Eva V. I. Gebauer, 2007, Phylogeny and Evolution of the Gorgonopsia with a Special Reference to the Skull and Skeleton of GPIT/RE/7113 ('*Aelurognathus*?' *parringtoni*), Dissertation zur Erlangung des Grades eines Doktors der Naturwissenschaften, der Geowissenschaftlichen Fakultät der Eberhard-Karls Universität Tübingen

Gillian M. King, Michael A. Cluver, 1991, The aquatic *Lystrosaurus*: An alternative lifestyle, Historical Biology, vol.4, 3-4, p323-341

G. M. King, 1981, The postcranial skeleton of *Robertia broomiana*, an early dicynodont, Annals of the South African Museum, vol.84, p203-231

Hans-Dieter Sues,Robert R. Reisz, 1998, Origins and early evolution of herbivory in tetrapods, TREE, vol.13, no.4, p141-145

Julien Benoit, Luke A. Norton, Paul R. Manger, Bruce S. Rubidge, 2017, Reappraisal of the envenoming capacity of *Euchambersia mirabilis* (Therapsida, Therocephalia) using μCT-scanning techniques, PLoS ONE, 12(2): e0172047, doi:10.1371/journal. pone.0172047

Julien Benoit, Paul R. Manger, Luke Norton, Vincent Fernandez, Bruce S. Rubidge, 2017, Synchrotron scanning reveals the palaeoneurology of the head-butting *Moschops capensis* (Therapsida, Dinocephalia), PeerJ, 5:e3496; DOI 10.7717/peerj.3496

Kaito Asato, Tomoki Kase, Teruo Ono, Katsuo Sashida, Sachiko Agematsu, 2017, Morphology, systematics and paleoecology of *Shikamaia*, aberrant Permian bivalves (Alatoconchidae: Ambonychioidea) from Japan, Paleontological Research, vol.21, no.4, p358-379

Marco Romano, Fabio Manucci, Bruce Rubidge, Marc J. Van den Brandt, 2021, Volumetric Body Mass Estimate and *in vivo* Reconstruction of the Russian Pareiasaur *Scutosaurus karpinskii*, Front. Ecol. Evol., 9:692035, doi: 10.3389/fevo.2021.692035

Michael S. Y. Lee, 1997, A taxonomic revision of pareiasaurian reptiles: Implications for Permain Terrestrial Palaeoecology, Modern Geology, 21, p231-298

Michael W. Maisch, 2009, The small dicynodont *Katumbia parringtoni* (VON HUENE, 1942) (Therapsida: Dicynodontia) from the Upper Permian Kawinga Formation of Tanzania as gorgonopsian prey, Palaeodiversity, 2, p279–282

Morgan L. Turner, Linda A. Tsuji, Oumarou Ide, Christian A. Sidor, 2015, The vertebrate fauna of the upper Permian of Niger—IX. The appendicular skeleton of *Bunostegos akokanensis* (Parareptilia: Pareiasauria), Journal of Vertebrate Paleontology, DOI: 10.1080/02724634.2014.994746

M. R. Whitney, A. R. H. LeBlanc, A. R. Reynolds, K. S. Brink, 2020, Convergent dental adaptations in the serrations of hypercarnivorous synapsids and dinosaurs. Biol. Lett. 16: 20200750. https://doi.org/10.1098/rsbl.2020.0750

Neil Brocklehurst, 2020, Olson's Gap or Olson's Extinction? A Bayesian tip- dating approach to resolving stratigraphic uncertainty, Proc. R. Soc. B, 287: 20200154, http://dx.doi.org/10.1098/rspb.2020.0154

Nicholas Fordyce, Roger Smith, Anusuya Chinsamy, 2012, Evidence of a therapsid scavenger in the Late Permian Karoo Basin, South Africa, S Afr J Sci., 108(11/12), Art. #1158, 4 pages. http://dx.doi.org/ 10.4102/sajs.v108i11/12.1158

Linda A. Tsuji , Christian A. Sidor , J.- Sébastien Steyer , Roger M. H. Smith , Neil J. Tabor, Oumarou Ide, 2013, The vertebrate fauna of the Upper Permian of Niger—VII. Cranial anatomy and relationships of *Bunostegos akokanensis* (Pareiasauria), Journal of Vertebrate Paleontology, vol.33, no.4, p747-p763

Luke Allan Norton, 2012, Relative growth and morphological variation in the skull of *Aelurognathus* (therapsida: gorgonopsia), A Dissertation submitted to the Faculty of Science, University of the Witwatersrand, Johannesburg, in fulfilment of the requirements for the degree of Master of Science

Rainer R. Schoch, 2009, Evolution of Life Cycles in Early Amphibians, Annu. Rev. Earth Planet. Sci., 37, p135–p162

Roger M. H. Smith, 1987, Helical burrow casts of therapsid origin from the Beaufort Group (Permian) of South Africa, Palaeogeography, Palaeoclimatology, Palaeoecology, vol.60, p155-169

Roger M. H. Smith, Jennifer Botha-Brink, 2011, Morphology and composition of bone-bearing coprolites from the Late Permian Beaufort Group, Karoo Basin, South Africa, Palaeogeography, Palaeoclimatology, Palaeoecology, vol.312 , p40–53

Sandra C Jasinoski, Emily J Rayfield, Anusuya Chinsamy, 2009, Comparative feeding biomechanics of *Lystrosaurus* and the generalized dicynodont *Oudenodon*, THE ANATOMICAL RECORD, 292, p862–874

Sarda Sahney, Michael J. Benton, 2008, Recovery from the most profound mass extinction of all time, Proc. R. Soc. B, 275, p759–765 doi:10.1098/rspb.2007.1370

Sanghamitra Ray, Anusuya Chinsamy, 2003, Functional aspects of the postcranial anatomy of the Permian dicynodont *Diictodon* and their ecological implications, Palaeontology, vol.46, Issue1, p151-183

Sanghamitra Ray, Anusuya Chinsamy, 2004, *Diictodon feliceps* (Therapsida, Dicynodontia): bone histology, growth, and biomechanics, Journal of Vertebrate Paleontology, 24:1, p180-194, DOI: 10.1671/1914-14

Sanghamitra Ray, Anusuya Chinsamy, Saswati Bandyopadhyay, 2005, *Lystrosaurus murrayi* (Therapsida, Dicynodontia): bone histology, growth and lifestyle adaptations, Palaeontology, vol.48, part 6, p1169–1185

Spencer G. Lucas, 2004, A global hiatus in the Middle Permian tetrapod fossil record, stratigraphy, vol.1, no.1, p47-64

Spencer G. Lucas, 2005, Olson's gap or Olson's bridge; an answer, The Nonmarine Permian, New Mexico Museum of Natural History and Science Bulletin, no.30, p185-186

Spencer Lucas, Andrew Heckert, 2001, Olson's gap: A global Hiatus in the record of middle Permian tetrapods, JVP21(3) abstracts, 75A

Stephan Lautenschlager, Borja Figueirido, Daniel D. Cashmore, Eva-Maria Bendel, Thomas L. Stubbs, 2020, Morphological convergence obscures functional diversity in sabre-toothed carnivores, Proc. R. Soc. B, 287: 20201818, http://dx.doi.org/10.1098/rspb.2020.1818

Susan E. Evans F. L. S., Hartmut Haubold, 1987, A review of the Upper Permian genera *Coelurosauravus*,

Weigeltisaurus and *Gracilisaurus* (Reptilia:Diapsida), Zoological Journal of the Linnean Society , 90, p275-303
Vladlen R. Lozovsky, 2005, Olson's gap or Olson's bridge, that is the question, The Nonmarine Permian, New Mexico Museum of Natural History and Science Bulletin, no.30, p179-184
V. V. Bulanov, A. G. Sennikov, 2015, Substantiation of Validity of the Late Permian Genus *Weigeltisaurus* Kuhn, 1939 (Reptilia, Weigeltisauridae) , Paleontological Journal, vol.49, no.10, p1101–1111
William K. Gregory, 1926, The skeleton of Moschops capensis Broom, a dinocephalian reptile from the Permian of South Africa, Bulletin of the AMNH, vol.56, article 3
Yuta Shiino, Yutaro Suzuki, 2015, A rectifying effect by internal structures for passive feeding flows in a concavo-convex productide brachiopod, Paleontological Research, vol.19, no.4, p283–287

終章

一般書籍
『恐竜・古生物に聞く 第6の大絶滅』監修：芝原暁彦，著：土屋 健，絵：ツク之助，イーストプレス
『古生物学事典 第2版』編集：日本古生物学会，2010年刊行，朝倉書店
『別冊日経サイエンス 進化と絶滅 生命はいかに誕生し多様化したか』編：渡辺正隆，2019年刊行，日経サイエンス社
『VERTEBRATE PALAEONTOLOGY 4th edition』著：Michael J. Benton，2014年刊行，Wiley-Blackwell

プレスリリース
史上最大の生物大量絶滅の原因を解明，東北大学，2016年8月18日

学術論文など
Andy Saunders, Marc Reichow, 2009, The Siberian Traps and the End-Permian mass extinction: a critical review, Chinese Science Bulletin, vol.54, no.1, p20-37
Christopher R. Scotese, Haijun Song, Benjamin J.W. Mills, Douwe G. van der Meer, 2021, Phanerozoic paleotemperatures: The earth's changing climate during the last 540 million years, Earth-Science Reviews, 215, 103503
Gregory J. Retallack, Christine A. Metzger, Tara Greaver, A. Hope Jahren, Roger M.H. Smith, Nathan D. Sheldon, 2006, Middle-Late Permian mass extinction on land, GSA Bulletin, vol.118, no 11/12, p398–1411
Jennifer Botha, Roger M. H. Smith, 2007, *Lystrosaurus* species composition across the Permo–Triassic boundary in the Karoo Basin of South Africa, Lethaia, vol.40, p125–137
Kunio Kaiho, Ryosuke Saito, Kosuke Ito, Takashi Miyaji, Raman Biswas, Li Tian, Hiroyoshi Sano, Zhiqiang Shi, Satoshi Takahashi, Jinnan Tong, Lei Liang, Masahiro Oba, Fumiko W. Nara, Noriyoshi Tsuchiya, Zhong-Oiang Chen, 2016, Effects of soilerosionand anoxic–euxinic ocean int he Permian–Triassic marinecrisis, Heliyon, 2, e00137
Mark J. MacDougall, Neil Brocklehurst, Jörg Fröbisch, 2019, Species richness and disparity of parareptiles across the end-Permian mass extinction, Proc. R. Soc. B, 286: 20182572
Massimo Bernardi, Fabio Massimo Petti, Michael J. Benton, 2018, Tetrapod distribution and temperature rise during the Permian–Triassic mass extinction, Proc. R. Soc. B, 285: 20172331
Roger Smith, Jennifer Botha, 2005, The recovery of terrestrial vertebrate diversity in the South African Karoo Basin after the end-Permian extinction, C. R. Palevol, 4, p555–568
Roger M.H. Smith, Peter D. Ward, 2001, Pattern of vertebrate extinctions across an event bed at the Permian-Triassic boundary in the Karoo Basin of South Africa, Geology, vol.29, no.12, p.1147–1150
Steven M. Stanley, 2016, Estimates of the magnitudes of major marine mass extinctions in earth history, PNAS, www.pnas.org/cgi/doi/10.1073/pnas.1613094113

索引

本書に登場するペルム紀古生物と分類群は以下の通り。

過去に使用され、現在は無効になっている名前（学名）も含む。**太字**は**図版掲載**ページ。

学名索引

Ken Tsuchiya

土屋 健

サイエンスライター。オフィス ジオパレオント代表。日本地質学会員。日本古生物学会員。日本文藝家協会員。埼玉県出身。金沢大学大学院自然科学研究科で修士（理学）を取得（専門は、地質学、古生物学）。その後、科学雑誌『Newton』の編集記者、部長代理を経て、2012年より現職。2019年に日本古生物学会貢献賞を受賞。著書多数。近著に『カラー図説 生命の大進化40億年史 古生代編』（講談社）、『ほんとうは“よわい恐竜”じてん』(KADOKAWA)、『怪獣古生物大襲撃』（技術評論社）など。

前恐竜時代
失われた魅惑のペルム紀世界

2022年10月22日　初版第一刷発行

著者　土屋 健

監修　佐野市葛生化石館
絵　かわさき しゅんいち
ブックデザイン　井上大輔 (GRiD)
校正　櫻井健司
編集　藤本淳子

印刷・製本　図書印刷株式会社

発行者　石川達也
発行所　株式会社ブックマン社
〒101-0065　千代田区西神田3-3-5
TEL 03-3237-7777
FAX 03-5226-9599
https://bookman.co.jp

ISBN　978-4-89308-953-3